Ein Beitrag zur Berücksichtigung der Unsicherheit
bei der Investitionsentscheidung
über automatische Formanlagen

Von der Fakultät für Maschinenwesen der
Rheinisch-Westfälischen Technischen Hochschule Aachen
zur Erlangung des akademischen Grades eines

Doktor-Ingenieurs

genehmigte Dissetation

Vorgelegt von
Diplom-Ingenieur, Diplom-Wirtschaftsingenieur
Klaus-Burkhard Bentler
aus Iserlohn

Referent: Univ.-Professor Dr.-Ing. R. Hackstein
Korreferent: Professor Dr.-Ing. H. G. Baumann
Tag der mündlichen Prüfung: 11. Juni 1990

Forschung für die Praxis · Band 32

**Berichte aus dem
Forschungsinstitut für Rationalisierung (FIR)
und dem Lehrstuhl und Institut
für Arbeitswissenschaft (IAW)
der Rheinisch-Westfälischen
Technischen Hochschule Aachen**

Herausgeber: o. Prof. em. Dr.-Ing. R. Hackstein

K.-B. Bentler

Grundlagen der Investitionsentscheidung über automatische Formanlagen

Mit 32 Abbildungen und 5 Tabellen

Springer-Verlag
Berlin Heidelberg New York
London Paris Tokyo
Hong Kong Barcelona 1990

Dipl.-Ing. Klaus-Burkhard Bentler
Forschungsinstitut für Rationalisierung
an der Rheinisch-Westfälischen Technischen Hochschule Aachen

o. Prof. em. Dr.-Ing. Rolf Hackstein
Bis zu seiner Emeritierung am 30.6.90 Inhaber des Lehrstuhls und Direktor des Instituts für Arbeitswissenschaft, Direktor des Forschungsinstituts für Rationalisierung an der Rheinisch-Westfälischen Technischen Hochschule Aachen

D 82 (Diss. TH Aachen)
Ein Beitrag zur Berücksichtigung der Unsicherheit bei der Investitionsentscheidung über automatische Formanlagen

ISBN-13: 978-3-540-53297-2   e-ISBN-13: 978-3-642-95641-6
DOI: 10.1007/978-3-642-95641-6

2160 / 3020-543210

Vorwort des Herausgebers

Die Mechanisierung und Automatisierung der industriellen Produktion hat in den vergangenen Jahren weiter ständig zugenommen. Begriffe wie "Flexible Fertigungssysteme", "Robotereinsatz" oder "CNC-Maschinen" sind einige Deskriptoren dieser Entwicklung. Mit steigender Komplexität der eingesetzten Anlagen, Maschinen und Verfahren erhöhen sich auch die Anforderungen an die Organisation des Zusammenwirkens von Mensch, Betriebsmittel und Material. Die Beherrschung und Verbesserung dieser Ablauforganisation wird mehr und mehr zum entscheidenden Faktor für einen erfolgreichen Einsatz moderner Produktionstechnologien.

Die Ablauforganisation in den Fabriken der Zukunft wird vom Einsatz der Informationstechnik geprägt sein. Einen der Anwendungsschwerpunkte der Informationstechnik in der Ablauforganisation von Produktionsbetriebe bildet der Einsatz von Informationssystemen für die Planung und Steuerung von Produktionsabläufen einschließlich des Transportes und der Lagerung.

Der Erfolg solcher Informationssysteme ist in besonderem Maße davon abhängig, wie gut es gelingt, bei der Entwicklung und beim Einsatz der Systeme gleichermaßen sowohl die technisch-organisatorischen als auch die humanen (arbeitswissenschaftlichen) Aspekte zu berücksichtigen. Während sich die technologische Entwicklung nämlich auf dem Hardware-Sektor äußerst rasant vollzieht, ist zu beobachten, daß zwischen der durch die Hardware gebotenen Möglichkeiten und der durch entsprechende Methoden und Programme (Software) realisierten Anwendungen eine immer größere Lücke entsteht, die als "Software-Lücke" bezeichnet wird.

Erfolge beim betrieblichen Einsatz können weiterhin aber auch nur dann erreicht werden, wenn der Mensch die oben genannten Informationssysteme akzeptiert. Das aber gelingt nur, wenn der Mensch die sich ergebenden Veränderungen positiv bewältigen kann. Da bisher zu wenig Beweglichkeit, Einfallsreichtum und Flexibilität bei der Entwicklung neuer Bedingungen für die Gestaltung der Arbeitszeit, des Arbeitsplatzes, des Arbeitskräfteeinsatzes, der Arbeitsorganisation und ähnlichem festzustellen ist, zeigt sich hier eine zweite, immer größer werdende Lücke, die vielfach als "Akzeptanzlücke" bezeichnet wird und die in ihren negativen Auswirkungen der "Software-Lücke" sicherlich nicht nachsteht.

Darüber hinaus ist es heute im Hinblick auf die Wirtschaftlichkeit von Neuen Technologien noch allzu häufig üblich, daß man unter der Forderung nach "geringeren Kosten" vorzugsweise "geringere Produktionskosten" und unter "höherer Leistung" vorzugsweise "höhere menschliche Anstrengung" versteht. Es erhebt sich aber vor dem Hintergrund der Massenarbeitslosigkeit die Frage, inwieweit man heute Neue Technologien als Ersatz für Alte Technologien vorzugsweise durch Reduzierung der Personalkosten anstreben muß und man höhere Leistung vorzugsweise nur durch Erhöhung der menschlichen Anstrengung erreichen kann.

Industrielle Führungskräfte sollen hingegen wissen, daß gerade die mit dem Begriff des Computers verbundenen Neuen Technologien so gestaltbar sind, daß dem Menschen nicht höhere Anstrengungen zugemutet wird, sondern der Computer die Arbeit des Menschen so unterstützen kann, daß das Leistungsergebnis - und darauf kommt es ja an - verbessert wird. Es ist folglich zu prüfen, welche Neuen Technologien geeignet sind, sowohl die Wirtschaftlichkeit zu steigern, als auch den Personalfreisetzungseffekt zu vermeiden.

Die Arbeiten der beiden vom Herausgeber geleiteten Institute, des Forschungsinstitutes für Rationalisierung (FIR) an der RWTH Aachen und des Lehrstuhls und Institutes für Arbeitswissenschaft (IAW) der RWTH Aachen, sind vor diesem Hintergrund darauf gerichtet, Beiträge zur Schließung der angezeigten Lücken und zur Realisierung der genannten Forderungen zu leisten. zur Umsetzung gewonnener Erkenntnisse wird die Schriftenreihe "FIR-IAW-Forschung für die Praxis" herausgegeben. Der vorliegende Band setzt diese Reihe fort. Die bisher erschienenen Titel sind am Schluß dieses Bandes aufgeführt.

Dem Verfasser danke ich für die geleistete Arbeit, dem Verlag für die Aufnahme dieser Schriftenreihe in sein Programm und allen anderen Beteiligten für ihren Beitrag zum Gelingen des Bandes.

Rolf Hackstein

Inhaltsverzeichnis

1.   Einleitung

Das Fertigungsverfahren Gießen, das als Urformen einen direkten Weg vom Rohstoff zum Produkt ermöglicht, steht in scharfer Konkurrenz mit anderen Verfahren, sowohl auf Basis metallischer Werkstoffe, wie z. B. dem Schweißen, als auch nichtmetallischer Werkstoffe, wie z. B. der Verarbeitung faserverstärkter Kunststoffe. Darüber hinaus unterliegen die Gießereien heute einer großen internationalen Konkurrenz untereinander (vgl. BERMIG 1988, S. 329).

Der Bestand an Gießereibetrieben hat sich mit dieser Entwicklung in den letzten 10 Jahren bereits deutlich verringert (siehe Abbildung 1-1).

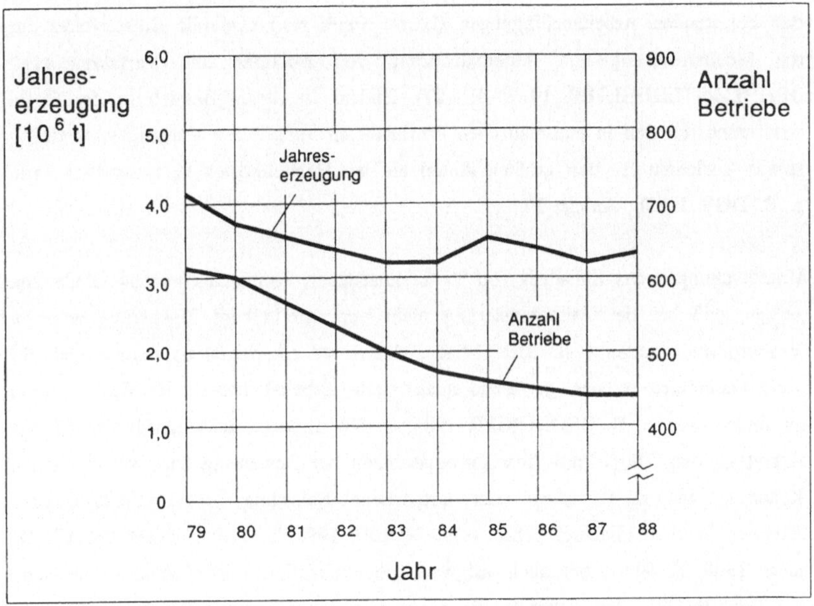

<u>Abb. 1-1</u>: Entwicklung der bundesdeutschen Eisen-, Stahl- und Tempergießereien seit 1979 (vgl. DGV 1983a, S. 31, und 1989, S. I).

Nach Schätzungen besteht die Gefahr, daß die Zahl der Eisengießereien, die die größte Gruppe unter den Gießereien bilden, bis zum Jahr 2000 weiter um etwa 30 Prozent zurückgeht (vgl. CASPERS 1987, S. 27).

Eine wesentliche Ursache für den Verlust der Wettbewerbsfähigkeit sind überholte Produktionstechniken mit erschwerten Arbeitsbedingungen (vgl. CASPERS 1987, S. 27), womit sich bestätigt, daß - neben der Herstellung neuer Güter - die Anwendung neuer Produktionsverfahren ein bestimmender Faktor des Wettbewerbs und der wirtschaftlichen Fortentwicklung überhaupt ist (vgl. HACKSTEIN 1985, S. 23).

Die entsprechende Forderung an die Gießereien, auch die in effizienter Mechanisierung und Automatisierung liegenden Chancen zu nutzen, gilt besonders für den Produktionsbereich Sandformerei (vgl. SHAW 1975, S. 26). Die konventionelle, d. h. gering mechanisierte Herstellung kastengebundener Sandformen mit Rüttel-Preß-Einzelformmaschinen bietet mit den monotonen, immer wiederkehrenden Arbeitsvorgängen, der hohen Konzentration von Menschen und Material sowie mit den belastenden Arbeitsbedingungen (Lärm, Staub etc.) sinnvolle Einsatzfelder für die Mechanisierung und Automatisierung von Abläufen und Verfahren (vgl. SCHULZ/STEINHILPER 1979, S. 427). Zudem ist dieser Bereich in der Regel zusammen mit den in automatischen Formanlagen integrierten Vorgängen Abgießen sowie Ausleeren für den größten Anteil an den Herstellkosten verantwortlich (vgl. z. B. DGV 1983b, Anlage 7).

Untersuchungen des Einsatzes von 39 automatischen Formanlagen in 34 Gießereien zeigen, daß bei der Automatisierung nicht nur unmittelbare Einsparungsziele im Vordergrund standen (vgl. BENTLER 1988, S. 48 f.). So ist es immer noch für viele Gießereien schwer, genügend qualifizierte Arbeitskräfte für die Sandformerei zu finden (vgl. z. B. BEHRINGER 1985, S. 30). Eine Ursache hierfür ist, daß die Arbeit an den Rüttel-Preß-Einzelformmaschinen bei Bewertung nach verschiedenen Kriterien, wie z. B. Lärm oder körperliche Belastung, zu den belastendsten Arbeiten in einer Gießerei gehört (vgl. WOLFF 1987, S. 176 f., sowie BRACZYK u. a. 1988, S. 91). Aber auch aufgrund erheblicher Umweltprobleme - zahlreiche der vor allem kleinen Gießereien liegen inzwischen in oder am Rand von Wohngebieten - stehen heute viele Gießereien vor der Fragestellung, ob sie ihre Einzelformmaschinen durch automatische und mit entsprechenden Umweltschutzeinrichtungen versehene Formanlagen (vgl. Abbildung 1-2) ersetzen.

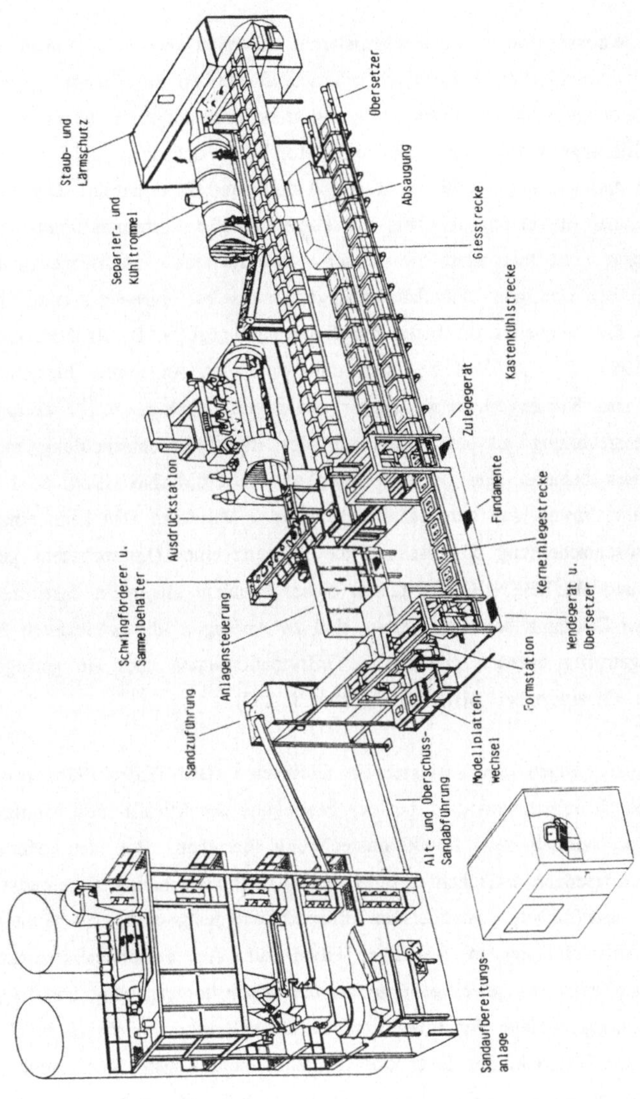

<u>Abb. 1-2</u>:   Beispiel einer automatischen Formanlage (vgl. BMD 1986, S. 1).

1.1   Problemstellung

Mit dem Wechsel von gering mechanisierten und nicht verketteten Einzelmaschinen zu einer automatischen Formanlage erhalten Gießereien ein Fertigungssystem mit bisher nicht gewohntem Automatisierungsgrad, das aufgrund seiner modernsten Automatisierungstechnik (Mikroelektronik etc.) und Formtechnologie[1] in der Regel neuartige Anforderungen stellt (z. B. an Modelle und Sandqualität). Die Gießereien können daher die bisher üblichen, auf konventionelle Einzelmaschinen bezogenen Erfahrungen nicht übertragen. Sie müssen - jede für sich - das Betriebs-Know-how z. B. mit den richtigen Modellausführungen erst selbst erarbeiten, zumal auch die Angaben der Hersteller oft nicht zutreffend sind (vgl. z. B. REINHART/BOUS-QUET 1985, S. 23). Das bedeutet, daß viele der Annahmen hinsichtlich des Einsatz- und Kostenverhaltens dieser neuartigen Anlage zum Zeitpunkt der Investitionsrechnung als der Grundlage der Investitionsentscheidung mit hoher Unsicherheit behaftet sind (in Anlehnung an WILDEMANN 1986, S. I-38). Bei Anschaffungskosten von durchschnittlich 3 bis 6 Millionen DM kann eine falsche Investitionsentscheidung dann schnell die Existenz eines Unternehmens gefährden. PFOHL und WÜBBENHORST fassen dieses Problem allgemein zusammen: "Das allgemeine Dilemma besteht ... darin, daß zu Anfang ... die wichtigsten Entscheidungen getroffen werden müssen, der Informationsstand aber am geringsten ist" (1982, S. 32; zitiert bei: MADAUSS 1984, S. 247).

Die Untersuchungen des Verfassers in Gießereien (BENTLER 1988) zeigen, daß erhebliche Unsicherheiten u. a. bei der Festlegung der Modell- und Montagekosten als Eingangsgrößen zur Investitionsrechnung bestehen. Bei den Modellkosten wurden Differenzen zwischen dem in der Investitionsrechnung angesetzten Betrag und den tatsächlichen Kosten bis in Millionenhöhe festgestellt, und Montagekosten wiesen Abweichungen in 5-stelliger Höhe auf. Als entsprechend unzutreffend erwies sich dann das jeweilige Ergebnis der Investitionsrechnung und folglich die Entscheidungsgrundlage der Investition. Tatsächlich schienen einige der Eingangsgrößen zum Zeitpunkt der Investitionsrechnung nicht sicherer bestimmbar zu sein. Zum Teil wären sie jedoch noch verbesserungsfähig gewesen (z. B. bei den

---

[1] Technologie des Abformens je nach Formverfahren, z. B. mit Luftimpuls oder Vakuum.

Modellkosten; vgl. Kapitel 4.1). Stets wurde deutlich, wie wenig Klarheit darüber bestanden hatte, welche Gefahren mit den nur unsicher quantifizierten Größen verbunden waren bzw. mit welchen Auswirkungen bei tatsächlichen Änderungen der Werte gerechnet werden mußte. Es unterblieben dann oft Bemühungen zur Verringerung bzw. Eingrenzung der Unsicherheiten.

Grundsätzlich wird damit das Problem deutlich, wie bei der Investitionsrechnung und -entscheidung die Unsicherheiten berücksichtigt und ihre Auswirkungen deutlich gemacht werden können. Die Investitionsrechnung selbst wird in den Gießereien kaum als ein Instrument bzw. Hilfsmittel eingeschätzt, das Aussagen über die Unsicherheit der Investition insgesamt und über gravierende oder weniger wichtige Auswirkungen bei Änderungen unsicherer Rechnungsgrößen ermöglicht. Dies wird unterstützt durch die verbreiteten, deterministischen Investitionsrechnungsverfahren mit ihrem Zwang zur Festlegung auf einen einzigen Wert je Rechnungsgröße, die der Realität mit den vielen nur unsicher zu bestimmenden Rechnungsgrößen kaum gerecht werden können. "Für die weiteren Planungsschritte wird eine trügerische Quasi-Sicherheit erzeugt" (MÖSER 1978, S. 1703). Konsequenz ist, daß die gegebenen Unsicherheiten nicht genauer erkundet und damit auch nicht beeinflußt werden können (in Anlehnung an MÖSER 1978, S. 1703).

Nach HAHN ist aber "oberster Grundsatz des generellen Risiko-Managements ... die Risikobewußtmachung bei allen Entscheidungen und Handlungen beim Zielsetzungsprozeß und bei den materiellen und immateriellen Zielerreichungsprozessen" (1987, S. 139)[2]. Bezüglich der Durchführung einer Investitionsrechnung ist dann zu überlegen, wie die Unsicherheit im Investitionsentscheidungsprozeß berücksichtigt werden kann (vgl. HEINEN 1983, S. 818).

1.2   Zielsetzung

Vor diesem Hintergrund ist es die Zielsetzung der vorliegenden Arbeit, eine Vorgehensweise abzuleiten, die es erlaubt, die Unsicherheiten bei der Investitionsentscheidung über automatische Formanlagen in bisher gering mechanisierten

---

[2] In der Fachliteratur werden zur dargestellten Problematik die Begriffe Unsicherheit, Risiko und Ungewißheit verwendet; nähere Erläuterungen erfolgen im Kapitel 2.2.

Gießereien explizit miteinzubeziehen. Als instrumentale Komponente der Vorgehensweise wird ein Verfahren zur Investitionsrechnung aufgezeigt und anwendbar gestaltet, bei dem die Unsicherheiten der Eingangsgrößen konkret in die Investitionsrechnung eingehen und dadurch für die Investitionsentscheidung deutlich gemacht werden. Zugleich sind Aussagen im Hinblick auf zweckmäßige Ansätze zur Verringerung von Unsicherheiten möglich. Da die Unsicherheiten bzw. die Bemühungen zu ihrer Verringerung auch mit der Intensität der Planung z. B. der Anlagenauslegung, der Modelle oder der Montage verbunden sind, kann ein derartiges Verfahren auch als Hilfsmittel die technische Investitionsplanung[3] unterstützen. Das Erkennen der unter Umständen erheblichen Konsequenzen von unsicheren Investitionsrechnungsgrößen und das Überlegen angemessener Maßnahmen zur Verringerung der Unsicherheiten werden so direkt miteinander gekoppelt, denn "die Durchführung von Investitionsrechnungen war und ist in der betrieblichen Praxis eine Domäne der Ingenieure und Techniker" (DÄUMLER 1976, S. 119).

Um die bei der Investition zum Einsatz automatischer Formanlagen bestehende Problematik zu verdeutlichen und abzugrenzen, werden zunächst wichtige Merkmale des Einsatzes dieser Anlagen aufgezeigt und dadurch deutlich gemacht, daß eine Investition zum Einsatz automatischer Formanlagen in bisher gering mechanisierten Gießereien eine Investition unter hohem Risiko darstellt. Bei einer Investitionsentscheidung muß daher das Risiko bewußt miteinbezogen werden (Kapitel 2).

Anschließend wird zur Darstellung des Stands der Erkenntnisse die gießereispezifische und betriebswirtschaftliche Fachliteratur zum Thema Investition und Einsatz von automatischen Formanlagen sowie zum Thema Investition unter Unsicherheit analysiert (Kapitel 3).

Eine schrittweise Vorgehensweise als Grundlage für eine die Unsicherheit einbeziehende Investitionsrechnung und -entscheidung wird in Kapitel 4 auf Basis der dargestellten Möglichkeiten zur Bewältigung der Unsicherheit bzw. des Risikos konzipiert.

---

[3] Eine umfassende Darstellung der technischen Investitionsplanung findet sich z. B. bei WIENDAHL 1973.

Anschließend wird die Risikoanalyse mit analytischem Verfahren als instrumentale Komponente der Vorgehensweise zunächst genauer dargestellt und als einsatzfähiges Verfahren für die Investitionsrechnung entwickelt (Kapitel 5).

Entsprechend der Erkenntnis, daß bestimmte Eingangsgrößen nur durch im realen Einsatz von automatischen Formanlagen gewonnenen Erfahrungen bestimmt werden können (gemäß Kapitel 4), werden für die praktische Anwendung des Verfahrens in den Formanlagen-unerfahrenen Gießereien zur Bestimmung der Einsparungen beim Putzaufwand und beim Ausschuß sowie zur Bestimmung der Instandhaltungskosten spezielle, die Unsicherheit berücksichtigende synthetische und objektive Wahrscheinlichkeiten[4] aufgestellt (Kapitel 6). Diese Angaben beziehen sich auf den Einsatz kastengebundener automatischer Formanlagen, da in den Sandformereien die kastengebundene horizontale Formteilung vorherrscht und diese in der Regel beim Einsatz automatischer Formanlagen mit übernommen wird.

Im letzten Teil (Kapitel 7) wird die Risikoanalyse an einem Praxisbeispiel angewendet.

---

[4] Die Begriffe werden in Kapitel 4.1 erläutert.

2. Investition zum Einsatz automatischer Formanlagen

Die Anschaffung einer automatischen Formanlage lohnte sich zunächst nur für die Großserienproduktion. Mit der technischen Entwicklung hin zu Modellwechseln ohne Taktverluste bzw. Stillstände der Anlage wurde dann den Anforderungen der Kundengießereien mit kleineren Losgrößen Rechnung getragen.

Für einen Einsatz in diesen Gießereien mit bisher gering mechanisierten Einzelformmaschinen sind aber bestimmte Merkmale automatischer Formanlagen von Bedeutung, die in Kapitel 2.1 abgeleitet werden. Auf dieser Basis wird in Kapitel 2.2 das mit der Investitionsentscheidung verbundene Problem der Unsicherheit näher spezifiziert und das hohe Risiko der Investition deutlich gemacht. Entsprechend erfolgen in Kapitel 2.3 Ausführungen darüber, wie dieses Risiko prinzipiell bewältigt werden kann.

2.1 Die automatische Formanlage

Eine kastengebundene automatische Formanlage wird definiert als Gesamteinrichtung zur Herstellung fertiger Sandformen, deren Abguß mit nachfolgender Abkühlung und dem Ausschlagen der Rohgußteile. Ihre Kennzeichen sind der Einsatz einer oder mehrerer Formautomaten, der mechanisierte Transport der Formteile, Formen und Formkästen sowie der verkettete, automatische Ablauf aller Funktionen im Sinne einer Fließfertigung (vgl. HEIMANN 1981, S. 11, und WIEBELHAUS 1981, S. 276 ff.).

Das Ablaufprinzip des Systems automatische Formanlage und die Einbindung in den gesamten Produktionsablauf zeigt Abbildung 2-1. Der getaktete Ablauf zwischen dem Abformen, dem Einlegen der Kerne etc. verbindet eine automatische Bearbeitung (Abformen) mit manueller Bearbeitung (Abgießen) und manuellen Handhabungs- und montageähnlichen Vorgängen (Aufnehmen und Kerne einlegen). Sand, Modelle und Sandformen übernehmen die Funktion von Werkzeugen bzw. Vorrichtungen. Aufgrund der standardisierten Abläufe und teilweise gleichen Bauelemente weisen kastengebundene automatische Formanlagen eine hohe Ähnlichkeit in Konstruktion und Einsatz auf, so daß eine gute Vergleichbarkeit der Anlagen trotz unterschiedlicher Hersteller gewährleistet ist.

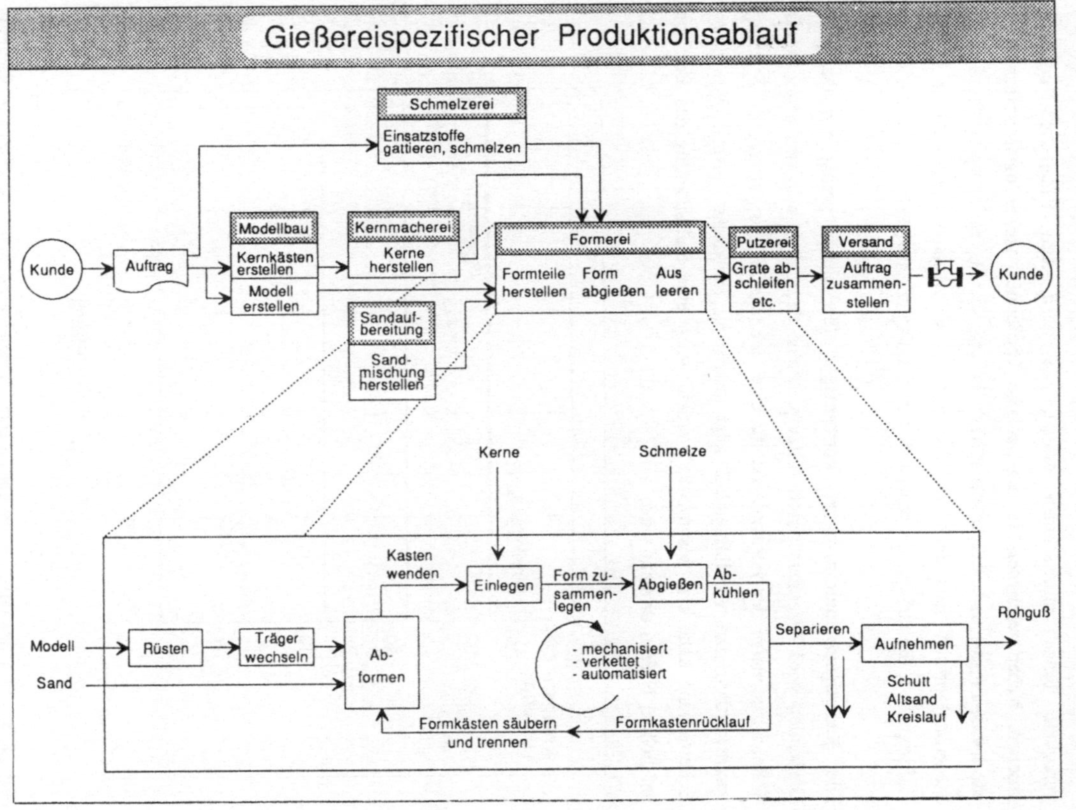

Abb. 2-1: Produktionsablauf mit Einordnung des Systems automatische Formanlage (vgl. BENTLER 1988, S. 2).

Durch automatische Formanlagen werden in der Regel technisch einfache, nicht verkettete Einzelformmaschinen ersetzt, die nach dem Rüttel-Preß-Verfahren arbeiten. Neben modernen, in den meisten Gießereien vorher nicht vorhandenen Mechanisierungs- und Automatisierungstechniken (z. B. speicherprogrammierbare Steuerung) erfolgt dann auch der Einsatz eines der neueren Formverfahren (z. B. Luftimpuls[5]), die auf den automatischen Formanlagen entwickelt wurden.

Die Neuartigkeit automatischer Formanlagen für bisher gering mechanisierte Gießereien wird besonders durch Anlaufprobleme deutlich, die in den ersten 4 bis 8 Betriebsmonaten der Formanlagen für eine sich nur langsam steigernde Nutzung verantwortlich sind. Abbildung 2-2 zeigt hierfür ein konkretes Beispiel. Von einer Beherrschung kann erst gesprochen werden, wenn eine Stabilisierung des Betriebs auf hohem Niveau erreicht wird.

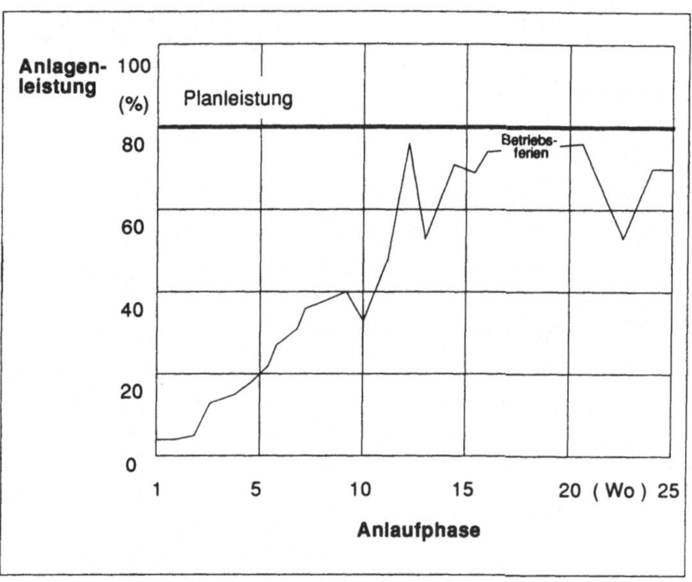

Abb. 2-2: Beispiel des durchschnittlichen Tagesleistungsgrads (abgeformte Kästen) beim Anlauf einer automatischen Formanlage im Verlauf des ersten Betriebshalbjahres.

---

[5] Zur näheren Darstellung siehe z. B. DÖPP u. a. 1989.

Die vom Verfasser durchgeführten Untersuchungen in den Gießereien (BENTLER 1988) lassen hinsichtlich des Mechanisierungs- bzw. Automatisierungsgrades eine Art Polarisierung erkennen, mit Rüttel-Preß-Einzelformmaschinen auf der einen und automatischen Formanlagen mit neuen Formverfahren auf der anderen Seite. Teilautomatisierte Systeme mit den neuen Formverfahren, auch als Zwischenschritte mit zunächst einzelnen Maschinen, dann mit Verkettung und erst in der letzten Stufe mit Integration zu einem Gesamtsystem, sind kaum anzutreffen. Viele Gießereien sehen darin keine wirtschaftliche Alternative, da bei geringerer Leistung im wesentlichen die gleichen Vorarbeiten bzw. Voraussetzungen notwendig sind wie für automatische Formanlagen. Dies betrifft vor allem die notwendige Festlegung auf ein einheitliches Kastenformat, was für viele Gießereien eine Einschränkung ihrer Produktflexibilität hinsichtlich der Abmessungen bedeutet.

Automatische Formanlagen stehen im Mittelpunkt des Produktionsablaufs einer Gießerei. Sie übernehmen oft den Hauptteil der gesamten Formkapazität, was bei Ablaufschwierigkeiten zu erheblichen Störauswirkungen in der gesamten Fertigung führen kann (vgl. ASFAHL 1986, S. 34 ff.). Wie eng Vor- und Nachteile bei derart komplexen Produktionsanlagen beieinanderliegen, verdeutlicht die folgende Abbildung 2-3.

Einerseits wird durch eine automatische Formanlage Nutzungszeit gewonnen, da bei entsprechender Modellwechselkonzeption keine oder nur geringe Zeitverluste beim Rüsten bzw. Wechseln und keine Zeitverluste bei Handhabung und Transport entstehen. Andererseits bewirkt der Ausfall bereits eines einzigen Teilsystems sofort den Stillstand der gesamten Anlage und damit ggf. der gesamten Formkapazität einer Gießerei. Bei Ausfall eines Einzelformmaschinen-Systems (2 Einzelformmaschinen als sog. Pärchen) würde dagegen nur ein Teil der Gesamtkapazität ausfallen; hier im Vergleichsbeispiel mit insgesamt 5 Einzelformmaschinen-Systemen folglich nur 1/5 der Formkapazität.

Zusammenfassend läßt sich der Einsatz einer automatischen Formanlage als Ersatz für Rüttel-Preß-Einzelformmaschinen wie in Abbildung 2-4 dargestellt beschreiben.

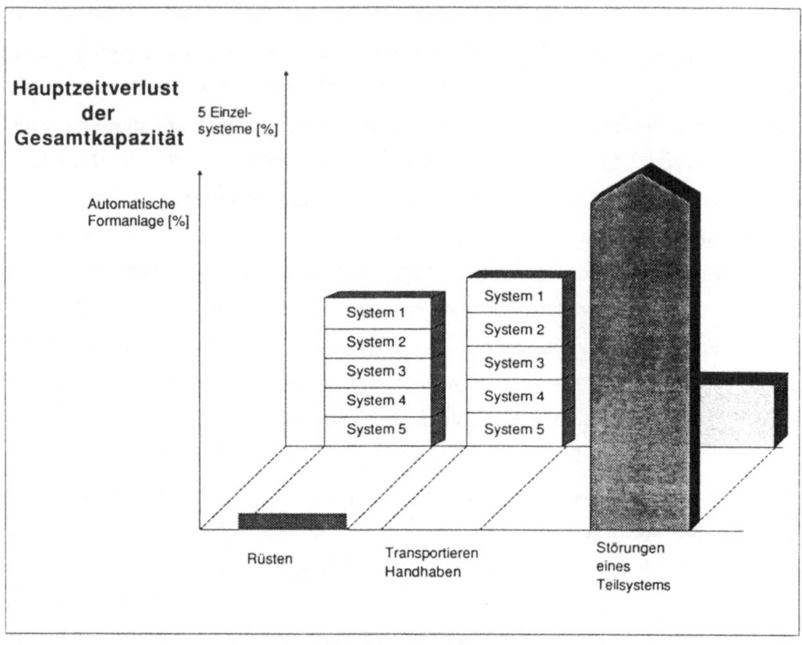

Abb. 2-3: Potentielle Hauptzeitverluste im Vergleich von 5 Einzelformmaschinen-Systemen mit einer automatischen Formanlage (vgl. BENTLER 1988, S.34)

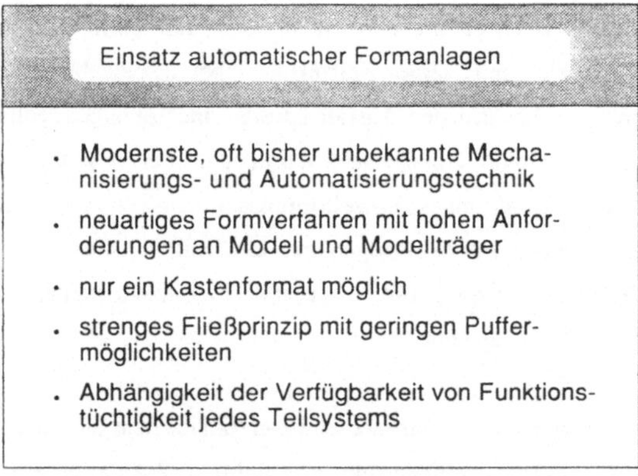

Abb. 2-4: Wesentliche Einsatzmerkmale automatischer Formanlagen (vgl. BENT-LER 1988, S. 12).

2.2 Investition unter hohem Risiko

Der Einsatz einer automatischen Formanlage bedeutet für die bisher gering mechanisierten Gießereien einen "großen Schritt in die Automatisierung" (HACKSTEIN/BENTLER 1989, S. 206). Aufgrund der Neuartigkeit besonders hinsichtlich der technischen Ausführung, des Formverfahrens und der Fertigungsablaufart sind die auf den bisherigen Produktionseinrichtungen gewonnenen Daten bzw. Erfahrungen nicht übertragbar und viele der Einflußgrößen auf den Einsatz der neuen Anlage noch unklar.

Die Erkenntnisse in den Gießereien zeigen auch, daß viele der Bedingungen für eine effiziente Nutzung erst durch Adaption während des Betriebs zu erkennen sind (vgl. auch SERVATIUS 1985, S. 116). Hinsichtlich der Investitionsrechnung ist festzustellen, daß bei nahezu allen Eingangsgrößen Unsicherheiten bei ihrer Bestimmung bestehen (vgl. BENTLER 1988, S. 129 ff.). Zum Beispiel ist in der Regel nur im echten betrieblichen Einsatz festzustellen, ob die Modelle automatisch abgeblasen werden können oder ob ein kostenintensiveres, manuelles Abblasen erfolgen muß. Ein ähnliches Problem liegt auch in der Bestimmung der Modellkosten, da die neuen Formverfahren aufgrund ihrer Genauigkeit und Empfindlichkeit bisher unbekannte Ansprüche an Modelle stellen. Dies bedeutet, daß viele Detailentscheidungen, die erst im Laufe der Einführung einer Anlage gefällt werden, die Wirtschaftlichkeit noch deutlich beeinflussen können (in Anlehnung an LIENERT/NIESS 1978, S. 59). Diese Problematik, daß Annahmen über das reale Einsatz- und Kostenverhalten zum Zeitpunkt der Investitionsrechnung mit hoher Unsicherheit behaftet und die Eingangsgrößen oft nur zu schätzen sind, wird verbreitet mit "Investition bei unsicheren Erwartungen" (z. B. JANDT 1986, S. 543; KRUSCHWITZ 1978, S. 219; ALBACH 1959, S. 1) bezeichnet. Dieses heute nicht nur bei technischen Anlagen u. a. aufgrund der hohen Innovationsgeschwindigkeit zunehmende Problem betrifft z. B. auch Kostenfragen bei der Neuentwicklung von umfangreichen, komplexen Software-Produkten (vgl. SCHNOPP 1984, S. 157) sowie die Wirtschaftlichkeitsrechnung zum Einsatz eines bestehenden PPSSystems. Auch hier bestehen vor allem bei der Bestimmung des Nutzens zum Zeitpunkt der Investitionsentscheidung erhebliche Probleme (vgl. HACKSTEIN 1989, S. 269).

Für eine genauere Analyse der Problematik muß der Begriff der Unsicherheit zunächst näher spezifiziert werden. So kann unter dem Oberbegriff Unsicherheit dann statt von Ungewißheit von Risiko gesprochen werden, wenn subjektive oder objektive Wahrscheinlichkeiten für das Eintreten der möglichen Alternativen angegeben werden können (siehe Abbildung 2-5). Da normalerweise davon ausgegangen werden kann, daß bei einem überlegten und ernsthaften Investitionsvorgang wenn nicht schon objektive, so doch auf jeden Fall subjektive Wahrscheinlichkeiten ermittelt werden können, sind Investitionsentscheidungen immer als Risikoentscheidungen anzusehen (vgl. SCHNEIDER 1975, S. 81 ff. und KRUSCHWITZ 1978, S. 224 f.).

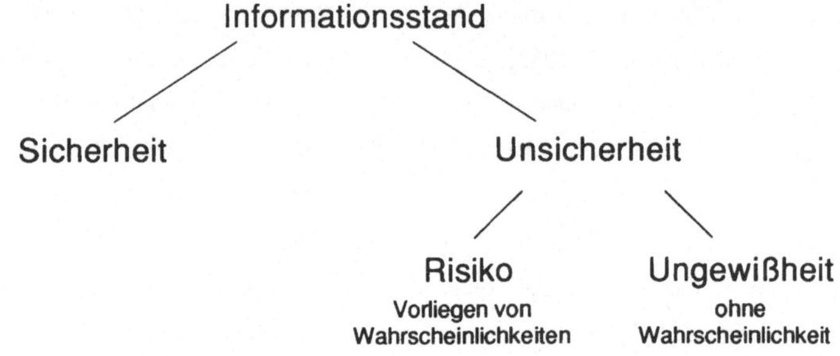

Abb. 2-5: Zuordnung der Begriffe Unsicherheit, Risiko und Ungewißheit.

Zu erklären sind Risiken[6] durch ihre Ursachen und Wirkungen (vgl. MAG 1981, S. 480). Entsprechend ist das Risiko bei der Investition zum Einsatz automatischer Formanlagen zu erklären durch die Unsicherheit bei der Bestimmung der Eingangsgrößen zur Investitionsrechnung und durch die hohe Bedeutung der Investition aufgrund der Gefahren bei einer falschen Entscheidung, da die Wirtschaftlichkeit der automatischen Formanlage wesentlich die Wettbewerbsfähigkeit einer Gießerei insgesamt bestimmt. Dies bezieht sich nicht nur auf die hohen Anschaffungskosten

---

[6] Der Begriff des Risikos ist im allgemeinen Sprachgebrauch sehr geläufig. Allerdings wird hier eher eine Ungewißheit mit dem meist dominanten Aspekt des möglichen Eintritts eines schadenverursachenden Ereignisses angesprochen. Im Vordergrund steht einseitig die potentielle Wirkung (Verlustgefahr; vgl. PHILIPP 1976, S. 3454), der Wahrscheinlichkeit des Eintritts ist man sich in der Regel weniger bewußt (in Anlehnung an WÄLCHLI 1975, S. 25 f.).

für das System automatische Formanlage, sondern auch auf die oft notwendig werdenden Folgeinvestitionen in anderen Betriebsbereichen. Darüber hinaus ist die langfristige Wirkung der Investition z. B. aufgrund der Festlegung auf einen Einheitskasten von hoher Bedeutung für die zukünftige Unternehmensentwicklung. Insgesamt läßt sich die Investition zum Einsatz automatischer Formanlagen als "Investitionen unter hohem Risiko" (BUSSE von COLBE/LASSMANN 1977, S. 344) charakterisieren (siehe Abbildung 2-6).

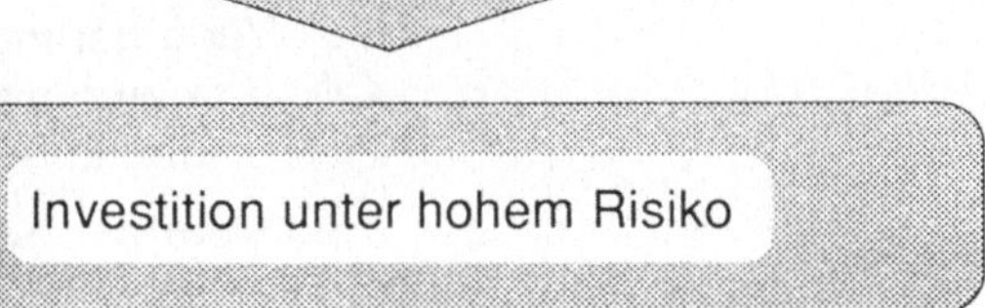

Abb. 2-6: Investition zum Einsatz automatischer Formanlagen als Investition unter hohem Risiko.

2.3   Grundgedanken zur Bewältigung des Risikos

Im Zusammenhang mit dieser wichtigen Investitionsentscheidung kann zur Bewälti-
gung des Risikos nur das Prinzip akzeptiert werden, die Risiken bewußt mit in die
Entscheidung einzubeziehen. Bei der Alternative in Form einer Abweisung des
Risikos (Gegenüberstellung in Abbildung 2-7) durch Verdrängen des Problems als

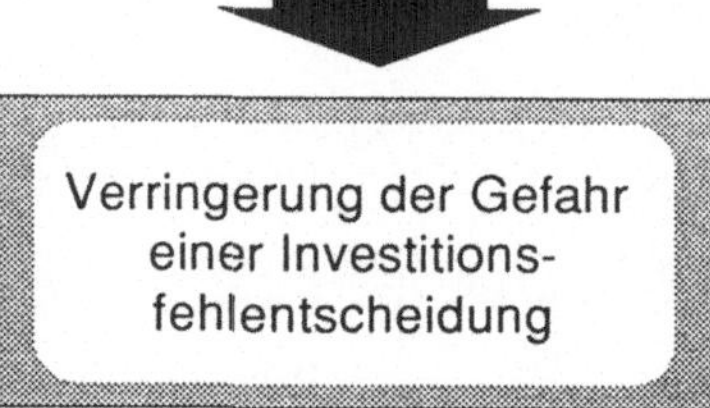

Abb. 2-7: Möglichkeiten zur Bewältigung des Risikos bei der Investitionsrechnung.

der nach HEINEN "psychologischen Form" (1983, S. 818) der Bewältigung oder durch "Beschränkung auf möglichst von vornherein sichere Investitionen" (HEINEN 1983, S. 818) beeinflußt im vorhinein die potentielle Verlustgefahr die sachliche Auseinandersetzung mit dem Risiko. Diese Form stellt im Hinblick auf eine Investition zum Einsatz automatischer Formanlagen keine sinnvolle Alternative dar.

Der Trennung nach Ursache und Wirkung gemäß Kapitel 2.2 folgend ist mit dem Ziel der Einbeziehung des Risikos die Notwendigkeit verbunden, sich zunächst mit den jeweiligen Ursachen als "Risikoquellen" (PHILIPP 1976, S. 3455) auseinander-zusetzen. Nur dann können auch Aussagen über Wahrscheinlichkeiten des Ein-tretens eines Risikos getätigt werden (z. B. Schätzung der Wahrscheinlichkeiten von einzelnen Beträgen bei Erlösen oder Kosten). Die Wirkung ist nachher je nach Risikoeinstellung des Risikonehmers als Person oder Gruppe, die das Risiko trägt, zu bewerten. Die Feststellung, daß sehr häufig unterschiedliche Risikoeinstellungen bestehen, unterstreicht die Erfordernis, zwischen der Existenz eines Risikos als möglichst eindeutigem Tatbestand und der Einstellung zu diesem Risiko je nach Risikoeinstellung zu differenzieren.

Hierzu lassen sich Schritte mit folgenden Aufgabenstellungen aufstellen:
- Die einzelnen Risiken sind nach ursachenbezogener Analyse qualitativ und quantitativ darzustellen (die mit den Risiken verbundenen Wahrscheinlichkeiten können z. B. durch Schätzungen oder statistische Verfahren aufgestellt werden).
- Durch Berücksichtigung der Risiken bei der Investitionsrechnung sind deren Auswirkungen auf das Rechenergebnis aufzuzeigen.
- Dieses Ergebnis ist zu bewerten (letztlich als Investitionsentscheidung) und je nach Bewertung ist zu versuchen, das Risiko einzelner Rechnungsgrößen zu verringern.

Wesentliche Voraussetzung und instrumentale Komponente hierzu ist ein entspre-chend risikogerechtes Verfahren zur Investitionsrechnung, bei dem die unsicheren Eingangsgrößen eingehen und Aussagen über das Risiko der Investition insgesamt und über den Einfluß einzelner Größen abgeleitet werden können.

3.   Stand der Erkenntnisse

Entsprechend der spezifischen, d. h. auf die Investitionsentscheidung über automatische Formanlagen in Gießereien bezogene Zielsetzung der vorliegenden Arbeit werden im folgenden gießereispezifische Veröffentlichungen untersucht.

Vor dem Hintergrund des allgemein-relevanten Problems der Investition bei unsicheren Erwartungen werden auch Beiträge in der betriebswirtschaftlichen Literatur dahingehend geprüft, inwieweit sie Lösungsansätze bieten, die für die Formanlagen-spezifische Anwendung genutzt werden können.

3.1   Gießereispezifische Veröffentlichungen

Ausführungen zum Thema Investition und Einsatz automatischer Formanlagen in gießereispezifischen Veröffentlichungen lassen sich wie folgt zusammenfassen:
Einige wenige und schon ältere Veröffentlichungen beschäftigen sich allgemein mit Investitionsvorgängen in Gießereien, d. h. ohne konkreten und detaillierten Bezug auf automatische Formanlagen. Das grundsätzliche Vorgehen bei einem Investitionsvorhaben wird hierbei zum Teil ausführlich (z. B. DIGGLES 1978 und 1979; JANSEN 1976) und zum Teil nur sehr gestrafft (KELLENBERGER 1979) erläutert. Auf das Problem der Ermittlung der unsicheren Eingangsgrößen wird jedoch nicht eingegangen; nur bei KLINGENSTEIN (1980) wird unter dem speziellen Aspekt der Investitionskontrolle dieses Problem kurz angerissen, da gerade unsichere Größen der besonderen Kontrolle bedürfen. Sofern in den Veröffentlichungen beispielhaft Investitionsrechnungen durchgeführt werden, erfolgen diese stets auf Basis deterministischer, einwertiger[7] Verfahren.

Eine größere Zahl von Veröffentlichungen befaßt sich mit dem praktischen Einsatz automatischer Formanlagen, wobei fast ausschließlich technische Aspekte im Vordergrund stehen. Diese Veröffentlichungen erfolgen zum einen im Rahmen periodisch erscheinender Übersichten (z. B. SCHNEIDER 1984) oder im Zusammenhang mit Messen (z. B. BAHR 1983). Zum anderen existiert eine große Zahl

---

[7] Einwertige Verfahren lassen nur einen Wert je Rechnungsgröße zu (siehe Kapitel 3.2).

von Berichten über Installationen von automatischen Formanlagen in in- und ausländischen Gießereien (z. B. CARLSON/DALLOZ 1983; VOGT1983; STORCH/JÖRN 1983; SHENTON 1982; CHATILLON/LEBRAVE 1981). Diesen Veröffentlichungen ist gemeinsam, daß sie sich auf die technische Investitionsplanung beziehen (z. B. Auslegung der Gießstrecke oder Kühlstreke). Bei einigen Artikeln wird auf in der Praxis festgestellte Nutzengrößen z. B. hinsichtlich einer Verringerung des Putzaufwandes (vgl. z. B. CARLSON/DALLOZ 1983, S. 353) eingegangen, die als besonders unsicher angesehen werden. Ein Verweis auf das Problem der Unsicherheit bei der Investitionsrechnung in diesem Zusammenhang erfolgt jedoch nicht.

Dennoch weisen die diesen Veröffentlichungen zugemessene hohe Bedeutung (vgl. SCHNEIDER 1984, S. 567) sowie in einigen Fällen die Wahl der Überschriften (z. B. "Betriebserfahrungen"; STORCH/JÖRN 1983) darauf hin, daß die effektiven Einsatzbedingungen einer für die Gießereien neuartigen automatischen Formanlage erst im realen Betrieb erkennbar werden und das Betriebs-Know-how erst erarbeitet werden muß. SCHNEIDER stellte in diesem Zusammenhang schon 1984 fest, daß "die Zahl der Veröffentlichungen über neu errichtete Formanlagen wesentlich zurückgegangen ist" (1984, S. 566). Die Ursache hierfür ist vor allem im zunehmenden Wettbewerbsdruck zu sehen. Die Gießereien scheuen davor zurück, ihre Fertigungseinrichtungen und Erfahrungen im wichtigen Bereich der Formerei offenzulegen. Diese Zurückhaltung ist bis heute geblieben, zumal die Konkurrenz noch größer geworden ist. Vor diesem Hintergrund sind zwei Veröffentlichungen aus zwei als innovativ bekannten Gießereien von besonderer Bedeutung, in denen sich die Verfasser a posteriori zu dem Investitionsvorgang zum Einsatz ihrer automatischen Formanlage ausführlich äußern (siehe HESPERS/LUSTIG 1988 und GANDT/RADCZUWEIT 1984). In diesen Artikeln wird das Problem der Neuartigkeit der Formanlage mit den entsprechend hohen Anforderungen schon an die Planung deutlich. Ferner werden konkret entstandene Beträge für einzelne Kostenfaktoren genannt (z. B. Anschaffungskosten). HESPERS und LUSTIG (1988, S. 276 f.) zeigen auch auf Basis der Kostenvergleichsrechnung mögliche Einsparungen gegenüber der nicht automatisierten Fertigung auf. GANDT und RADCZUWEIT (1984, S. 683) sprechen im Zusammenhang mit der Investitionsrechnung offen von nur "geschätzten Investitionskosten" zum Zeitpunkt der Investitionsentscheidung und einem "aus Sicherheitsgründen" höher angesetzten Zinssatz. Das Problem der Unsicherheit wird allerdings nicht explizit angesprochen.

Insgesamt ist festzustellen, daß in der gießereispezifischen Fachliteratur das Thema Investition zum Einsatz automatischer Formanlagen ganz überwiegend technisch-gestaltungsorientiert behandelt wird. Dennoch wird durch die ausdrückliche Darstellung der Betriebserfahrungen indirekt das Problem deutlich, daß ein derartiges Investitionsvorhaben mit erheblichen Unsicherheiten zum Zeitpunkt der Investitionsrechnung verbunden ist. Ausführungen, wie das Problem der Unsicherheit zu bewältigen ist, existieren nicht.

3.2 Beiträge der betriebswirtschaftlichen Literatur

Das Problem der Investition bzw. Investitionsrechnung bei unsicheren Erwartungen (oder auch: bei mehrwertigen Erwartungen; z. B. KÜPPER/KNOOP 1974; KOCH 1970) wird - entsprechend der Feststellung, daß "... das Hauptproblem jeder Investitionsplanung ... die Unsicherheit der Entscheidungsbedingungen (ist)" (BORN 1976, Vorwort; vgl. auch RIEBEL 1961, S. 146) - schon seit Jahrzehnten in der einschlägigen Literatur erörtert (z. B. TEICHMANN 1970; ALBACH 1959) und ist Bestandteil entsprechender Lehrbücher (z. B. BLOHM/LÜDER 1978). Die Ursache des Problems liegt in der Verfügbarkeit stets unvollkommener Informationen. Der Bereich der unvollkommenen Information liegt zwischen den Extremen der vollkommenen Ignoranz und der vollkommenen Information. Unter einer Prämisse der vollkommenen Information als "Kenntnis der Zukunft" (WÖHE 1981, S. 129) "... entfiele die Notwendigkeit des Wählens zwischen verschiedenen Handlungsmöglichkeiten; alles wäre determiniert" (HEINEN 1983, S. 818).

Im Zusammenhang mit den Eingangsgrößen zur Investitionsrechnung wird daher oft auch direkt von Prognosewerten bzw. Schätzungen gesprochen (z. B. HEINEN 1983, S. 818; HESELICH 1975, S. 4; DÄUMLER 1976, S. 106), insbesondere was die Feststellung von Absatzmengen und -preisen betrifft.

Beim Aufstellen der konkreten Werte der Eingangsgrößen, der Verrechnung dieser Schätz- bzw. Prognosewerte und dem Ergebnis der Investitionsrechnung als Entscheidungskriterium ist methodisch zu unterscheiden nach (Abbildung 3-1):

- einwertigen Verfahren[8] mit einem einzigen Wert x_i je Eingangsgröße und einem einzigen Wert y_{Krit} als Ergebnis bzw. als Wert des Entscheidungskriteriums und
- mehrwertigen Verfahren mit mehreren und mit Wahrscheinlichkeiten versehenen Werten für eine Eingangsgröße als $F(x_i)$ und mehreren, ebenfalls mit Wahrscheinlichkeiten versehenen Werten des Ergebnisses $F(Y_{Krit})$.

Prinzip Investitionsrechnungsverfahren				
Art Eingangsgröße	Eingangsgröße	Rechenwerte	Rechenvorschrift	Ergebnis/ Entscheidungskriterium
einwertig	$X_i \longrightarrow$ $x_i \longrightarrow$ $i = 1, \dots, I$		Rechenalgorithmus $\longrightarrow$	$y_{Krit.}$
mehrwertig	$X_i \longrightarrow F(x_i) \longrightarrow$ $i = 1, \dots, I$		Rechenalgorithmus • Simulation • Analytisches Verfahren $\longrightarrow$	$F(Y_{Krit.})$

<u>Abb. 3-1</u>: Prinzip einwertiger und mehrwertiger Investitionsrechnungsverfahren.

Die Grundlage bildet jedoch bei allen Verfahren bei gleicher Wahl des Entscheidungskriteriums (z. B. Kapitalwert oder Stückkosten) auch der gleiche Rechenalgorithmus (z. B. für das Kriterium Kapitalwert die für jedes Jahr auf- bzw. abgezinsten Zahlungen).

---

[8] Nicht einbezogen wird hier die Amortisationsrechnung, bekannt als "Risikokennzahl" (z. B. KÜPPER/KNOOP 1974). Bei diesem Verfahren findet der Risikogedanke nur dahingehend Berücksichtigung, daß bei kurzer Amortisation nur geringe Gefahren durch die Unsicherheiten unterstellt werden. Ferner wird nicht auf das Entscheidungsbaumverfahren für sequentielle Investitionsentscheidungen (vgl. KRUSCHWITZ 1978, S. 261) eingegangen, da es sich bei der hier betrachteten Investition zum Einsatz automatischer Formanlagen um eine einstufige bzw. einmalige Entscheidung handelt (in Anlehnung an SALINGER 1981, S. 16).

3.2.1 Einwertige Verfahren

Bei den einwertigen Verfahren ist zu unterscheiden nach
- dem Rechnen mit Sicherheitsäquivalenten und
- der Sensitivitätsanalyse.

Rechnen mit Sicherheitsäquivalenten

Bei der Rechnung mit Sicherheitsäquivalenten (vgl. z. B. BUSSE VON COLBE/ LASSMANN 1977, S. 344 f.) - auch als Korrekturverfahren geläufig (z. B. BLOHM/LÜDER 1978, S. 188) - werden bei einzelnen oder allen als unsicher eingestuften Eingangsgrößen zur Investitionsrechnung Zu- oder Abschläge als Sicherheitsäquivalente in absoluten oder relativen Beträgen auf einen am wahrscheinlichsten erscheinenden Wert hin vorgenommen. Dieses Verfahren erfreut sich in der Praxis großer Beliebtheit, zumal für die Abschätzung mehr oder weniger großer Risiken "... im allgemeinen ein recht gut ausgebildetes Empfinden ..." (LASSMANN u. a. 1985, S. 48) besteht. Andererseits erfolgen diese Kalkulationen selten offen und nachvollziehbar. Sachlich fundierte Schätzungen können auch leicht durch persönliche oder sonstige einflußnehmende Faktoren überlagert werden, zumal eine Kontrolle kaum möglich ist. Der so ermittelte Wert einer Eingangsgröße gilt als quasi-sicher. Auf das Risiko wird im weiteren Verlauf nicht mehr eingegangen. Damit wird die eigentliche Risikostruktur bzw. der Einfluß des Risikos auf die Vorteilhaftigkeit einer Investition nicht nur nicht deutlich, sie wird sogar verschleiert. Die Investition ist so gezielt "totzurechnen" (RÜHLI 1970, S. 168). "In diesem Fall muß unter Unsicherheit über die Unsicherheit entschieden werden" (KRUSCHWITZ 1978, S. 246). Das Rechnen mit Sicherheitsäquivalenten ist daher abzulehnen (vgl. z. B. HEINEN 1983, S. 820; LASSMANN u. a. 1985, S. 48).

Sensitivitätsanalyse

Bei der Anwendung der Sensitivitätsanalyse wird ebenfalls nur mit einem Wert je Eingangsgröße gerechnet. Es erfolgen aber weitere alternative Rechnungen, bei denen jeweils ein Wert verändert wird (z. B. +/- 10 %). Dadurch sollen die Auswirkungen bei Änderung des Wertes einer Größe auf das Ergebnis der Rechnung deutlich gemacht werden. Auf die in der Regel bestehenden unterschiedlichen Wahrscheinlichkeiten innerhalb dieser Schwankungsbreite wird nicht eingegangen.

Es lassen sich dann bei Konstanz aller anderen Größen solche kritischen Werte für einzelne Eingangsgrößen bestimmen, bei denen sich das Ergebnis entscheidend ändert (Verfahren der kritischen Werte). Bei der Berechnung eines bestimmten Ergebnisses zeigt sich aber, daß dieses aus einer Vielzahl von Wertekombinationen der Eingangsgrößen resultieren kann, die mit Sicherheit auch nicht gleichwahrscheinlich sind. "Aussagen über das tatsächliche Verlustrisiko, vor allem über seine Wahrscheinlichkeit, sind also mit Hilfe der Sensitivitätsanalyse nur bedingt machbar" (HEINEN 1983, S. 821). Da die Sensitivitätsanalyse bei unsicheren Größen durch Variation mehrere Werte zuläßt, ist durchaus zu erkennen, ob Unsicherheiten von Bedeutung sind oder nicht. Aufgrund der isolierten Betrachtung der Unsicherheit jeweils einer Größe wird jedoch bei mehreren unsicheren Größen schnell die Grenze des Verfahrens erreicht. "Zur Untersuchung der Wirkungen der möglichen Abweichungen von mehr als 2 unsicheren Inputgrößen ist das Verfahren der kritischen Werte im allgemeinen nicht geeignet" (KÜPPER/KNOOP 1974, S. 209). Aufgrund dieser Einschränkung und der fehlenden Berücksichtigung unterschiedlicher Wahrscheinlichkeiten ist von einem Einsatz des Verfahrens für eine Investition zum Einsatz einer automatischen Formanlage abzusehen.

3.2.2 Mehrwertige Verfahren

Bei den mehrwertigen Verfahren wird unter dem Oberbegriff Risikoanalyse[9] unterschieden nach
- der Risikosimulation (z. B. HESELICH 1975) und
- dem analytischen Verfahren (z. B. KERN 1974, S. 337).

In beiden Fällen wird, ausgehend von mit Wahrscheinlichkeiten bewerteten bzw. mit Wahrscheinlichkeitsverteilungen versehenen Eingangsgrößen, eine Investitionsrechnung durchgeführt, die als Ergebnis zu einem Risikoprofil[10] des Entscheidungskriteriums führt (siehe Abbildung 3-2 mit dem Kapitalwert C als Entscheidungskriterium; vgl. z. B. HEINEN 1983, S. 821 ff.; LÜDER 1979, S. 224 ff.; KRUSCH-

---

[9] Nach "risk analysis" (HERTZ 1964).

[10] Das Risikoprofil weist in diesem Beispiel für jeden Wert des Entscheidungskriteriums die Wahrscheinlichkeit aus, mit der der jeweilige Wert mindestens erreicht wird.

WITZ 1978, S. 251 ff.; BLOHM/LÜDER 1978, S. 196 ff.; KÜPPER/KNOOP
1974, S. 219 ff.).

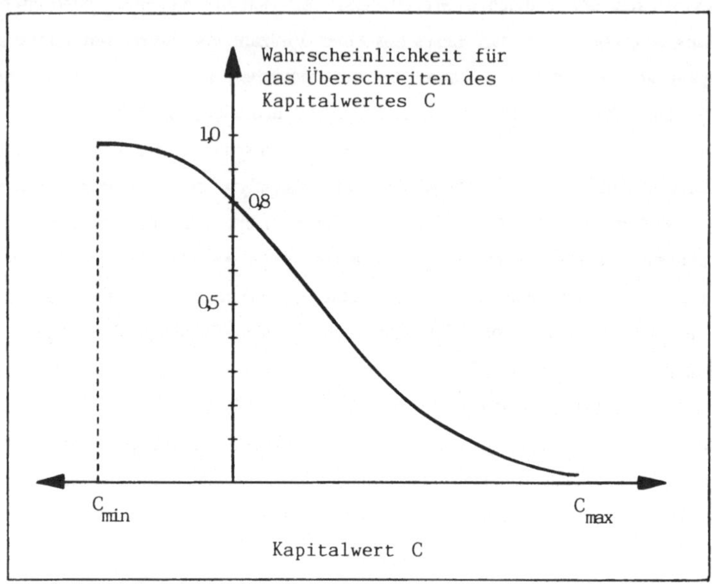

Abb. 3-2: Risikoprofil des Kapitalwertes (vgl. PERLITZ 1979, S. 42).

Mit Anwendung der Risikoanalyse werden mehr Kenntnisse und Informationen
offengelegt und ausgeschöpft, als es im Rahmen deterministischer Verfahren der
Fall ist (vgl. KÖHLER/UEBELE 1983, S. 123). Die Risikoanalyse beinhaltet daher
keine Entscheidungsregel im üblichen Sinn (z. B. ROI[11]-Wert erreicht/nicht
erreicht). Ziel der Risikoanalyse ist es, bei bestehenden Unsicherheiten den Bereich,
in welchem der tatsächliche Ist-Wert des Entscheidungskriteriums liegen wird, mit
größerer Genauigkeit zu bestimmen als bei Anwendung eines einwertigen Verfahrens (vgl. LÜDER 1969, S. 120).

Wichtigster Aspekt bei der Risikoanalyse ist das Aufstellen der Wahrscheinlichkeiten. Im Gegensatz zur Rechnung mit Sicherheitsäquivalenten müssen offen und

---

[11] ROI: Rentabilitätskennziffer, die Auskunft über den Rückfluß des investierten
Kapitals gibt (vgl. WÖHE 1981, S. 686).

explizit differenzierte Aussagen erfolgen, die der Aussagende auch zu verantworten hat. Beobachtungen zeigen, daß derartige Verpflichtungen das Bemühen der Verantwortlichen um mehr Informationen verstärken (vgl. MADAUSS 1984, S. 245) und damit bessere Voraussetzungen für eine zuverlässige Ermittlung von Werten bilden (vgl. BAMBERG/COENENBERG 1974, S. 61). "Damit liefert die Risikoanalyse bessere Grundlagen für die Beurteilung unsicherer Investitionsobjekte als die zuvor beschriebenen Verfahren (Anm. d. Verf.: Amortisationsdauer, Rechnen mit Sicherheitsäquivalenten und Sensitivitätsanalyse)" (KÜPPER/KNOOP 1974, S. 219).

3.2.2.1 Die Risikosimulation

Die Risikosimulation geht auf HERTZ (1964) zurück[12]. Zur Schätzung von Wahrscheinlichkeiten einer unsicheren Größe werden von den Schätzern direkte Wahrscheinlichkeiten w_i erfragt mit

$$(3.1) \qquad \sum_i w_i = 1,0$$

oder es werden Gewichtungen g_i verteilt, aus denen sich bei diskreten Eingangsgrößen die Wahrscheinlichkeiten nach der Formel

$$(3.2) \qquad w_i = \frac{g_i}{\sum\limits_i g_i}$$

ermitteln lassen. Stetige Wahrscheinlichkeitsverteilungen können durch Interpolationen zwischen diskreten Werten ermittelt werden. Es können aber auch von vornherein bestimmte Verteilungen unterstellt werden.

Hinsichtlich der Wahrscheinlichkeiten der einzelnen Eingangsgrößen sind durchaus beliebige Verteilungen je nach individueller Schätzung der Werte möglich. Allerdings sind nach KÜPPER und KNOOP (1974, S. 237) mindestens 4 Schätzungen notwendig, um überhaupt individuell eine Verteilung zu erhalten. Bei Verkaufsprei-

---

[12] Eine Darstellung der verschiedenen Entwicklungen findet sich z. B. bei EM-MERT 1974, S. 12 ff.

sen werden z. B. Werte von 10,00 DM bis 11,00 DM als Spannweite bzw. als dem "Möglichkeiten-Raum" (ADELBERGER 1975, S. 4) in Stufen von 0,20 DM (6 Stufen) geschätzt. Dies ist aber auch ein Beispiel dafür, daß oft ein sehr detailliertes, aufwendiges und vor allem in dieser Form ungewohntes Schätzen erforderlich ist (vgl. HESELICH 1975, S. 5), bei dem schnell die Grenzen der Praktikabilität erreicht werden. Da bei derartigen Schätzungen differenzierte Aussagen immer schwieriger werden, sollte daher die Anzahl Schätzungen wieder möglichst klein gehalten werden. Die Individualität der Verteilung reduziert sich entsprechend, so daß man sich oft wieder den vereinfachenden Standard-Verteilungen nähert[13]. Entsprechend den ihnen zugeordneten Wahrscheinlichkeiten werden dann für die Werte innerhalb der Spannweite Zufallszahlenintervalle gebildet (Tabelle 3-1).

Verkaufspreis [DM]	Wahrscheinlichkeit einzeln	Wahrscheinlichkeit kumul.	Zufallszahlen- intervall
10,00	0,10	0,10	00 - 09
10,20	0,15	0,25	10 - 24
10,40	0,25	0,50	25 - 49
10,60	0,20	0,70	50 - 69
10,80	0,15	0,85	70 - 84
11,00	0,15	1,00	85 - 99

<u>Tab. 3-1:</u> Beispiel der Bildung von Zufallszahlenintervallen entsprechend den Wahrscheinlichkeiten der möglichen Werte einer nur unsicher zu bestimmenden Investitionsrechnungsgröße.

Aus den möglichen Werten aller Eingangsgrößen der Investitionsrechnung werden dann auf Basis von Zufallszahlen[14] solange neue Sätze von Werten (je

---

[13] In vielen Anwendungen der Risikosimulation wird deshalb schon teilweise, d. h. bei einigen Größen, von der Normalverteilung ausgegangen (vgl. z. B. KÖHLER /UEBELE 1983, S. 123).

[14] Bei nur diskret verteilten Größen wäre auch die Durchführung einer "Vollenumeration" (HEINEN 1983, S. 822) theoretisch möglich, bei der alle möglichen Wertekombinationen durchgerechnet werden. Bei z. B. 8 Eingangsgrößen mit je 5 Verteilungswerten wären aber 390.625 Rechnungen durchzuführen. Die Vollenumeration wird daher aus Aufwandsgründen nur sehr selten angewendet.

Eingangsgröße) künstlich ausgewählt (meist nach der sogenannten Monte-Carlo-Methode[15]) und Rechnungen durchgeführt, bis sich die Verteilung der Rechenergebnisse nach Werten und Häufigkeiten stabilisiert hat, d. h. keine wesentliche Veränderung der Verteilung mehr auftritt. Als kumulierte Wahrscheinlichkeitsverteilung des gewählten Entscheidungskriteriums einer Investitionsrechnung fungiert somit approximativ die Summenhäufigkeitsverteilung aller Rechenergebnisse (in Tabelle 3-2 am Beispiel einer ROI-Berechnung dargestellt).

ROI, in % p.a.	absolute Häufigkeit ⟶ Wahrscheinlichkeit in %	kumulierte Wahrscheinlichkeit in %
unter 42,61 bis 42,00	0 0,0	0,0
unter 42,00 bis 39,00	2 0,1	0,1
unter 39,00 bis 36,00	2 0,1	0,2
unter 36,00 bis 33,00	10 0,6	0,8
unter 33,00 bis 30,00	24 1,4	2,2
unter 30,00 bis 27,00	64 3,7	5,9
unter 27,00 bis 24,00	136 8,0	13,9
unter 24,00 bis 21,00	182 10,7	24,6
unter 21,00 bis 18,00	242 14,2	38,8
unter 18,00 bis 15,00	260 15,2	54,0
unter 15,00 bis 12,00	230 13,5	67,5
unter 12,00 bis 9,00	208 12,2	79,7
unter 9,00 bis 6,00	146 8,5	88,2
unter 6,00 bis 3,00	126 7,4	95,6
unter 3,00 bis 0,00	46 2,7	98,3
unter 0,00 bis -3,00	28 1,6	99,9
unter -3,00 bis -3,78	2 0,1	100,0
	1708 100,0	

Tab. 3-2: Ableitung der Wahrscheinlichkeiten eines ROI entsprechend der Häufigkeiten der Rechenergebnisse (in Anlehnung an RUNZHEIMER 1978, S. 48).

Die eigentliche Entscheidungsgrundlage wird somit nur indirekt über die Zufallszahlen "berechnungsexperimentell" (ADELBERGER 1975, S. 1) bestimmt.

---

[15] Zur Frage der Erzeugung von Zufallszahlen allgemein und speziell mittels Monte-Carlo-Methode siehe z. B. JÄKEL 1987.

Der prinzipielle Ablauf der Risikosimulation ist in Abbildung 3-3 dargestellt. Für die Durchführung der Risikosimulation ist in jedem Fall eine EDV-Anlage notwendig, die softwaremäßig mit einem Zufallszahlengenerator mit sehr guten statistischen Eigenschaften (große Periode und geringe Reihenkorrelation) ausgestattet ist.

Als Abbruchkriterium dient in der Regel ein vorzugebender Grenzwert $\Delta\sigma$, so daß die Simulation beendet wird, wenn sich die Standardabweichung der Verteilung trotz eines weiteren Simulationslaufs um nicht mehr als $\Delta\sigma$ verändert.

3.2.2.2   Das analytische Verfahren

Beim analytischen Verfahren basiert die Bestimmung der Wahrscheinlichkeiten darauf, daß eine bestimmte (Standard-)Verteilung zugrunde gelegt wird. Dadurch vereinfacht sich sowohl der Bestimmungsaufwand bei den als Schätzer eingesetzten Personen als auch der gesamte Ablauf des Verfahrens.

Geschätzt werden in der Regel unter Zugrundelegung einer symmetrischen Normalverteilung (z. B. BLOHM/LÜDER 1978, S. 203; KÜPPER/KNOOP 1974, S. 239):
- der Erwartungswert[16] als der für am wahrscheinlichsten gehaltene Wert und
- durch Frage nach dem minimal und maximal für möglich gehaltenen Wert die Maximalabweichung vom Erwartungswert. Diese beiden Werte legen die Spanne fest, in der nach Ansicht der Schätzer der tatsächliche Ist-Wert mit 99,74 % Wahrscheinlichkeit liegen wird ($E(x) \pm 3\sigma$), und liefern die Daten zur Ermittlung der Varianz.

Mit dem Erwartungswert und der Varianz je Eingangsgröße erfolgt dann nach den Regeln der Wahrscheinlichkeitsrechnung die Bestimmung des Erwartungswertes und der Varianz des Entscheidungskriteriums und damit die Bestimmung des Risikoprofils. Es erfolgt somit eine direkte und rechentechnisch exakte Zusammenfassung

---

[16] Der Erwartungswert $E(x)$ und die Varianz $Var(x)$ bzw. die Standardabweichung σ_x als positive Quadratwurzel der Varianz sind Maßzahlen von Wahrscheinlichkeitsverteilungen. Der Mittelwert der Verteilung wird durch den Erwartungswert geschätzt (Lageparameter). Die Abweichungen von dem Mittelwert können durch die Varianz bzw. die Standardabweichung zum Ausdruck gebracht werden, d. h. sie sind Maßzahlen für die Streuung der Verteilung (Streuungsparameter).

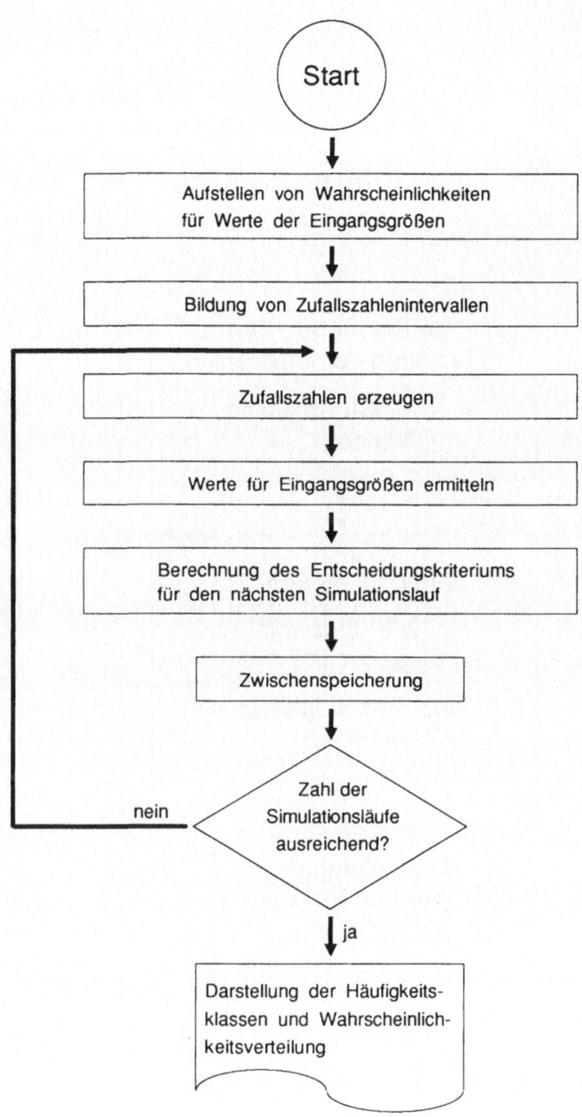

Abb. 3-3: Prinzipieller Ablauf der Risikosimulation.

der Verteilungen aller Eingangsgrößen mit dem Risikoprofil der Investition als Ergebnis. Abbildung 3-4 zeigt hierzu den prinzipiellen Ablauf.

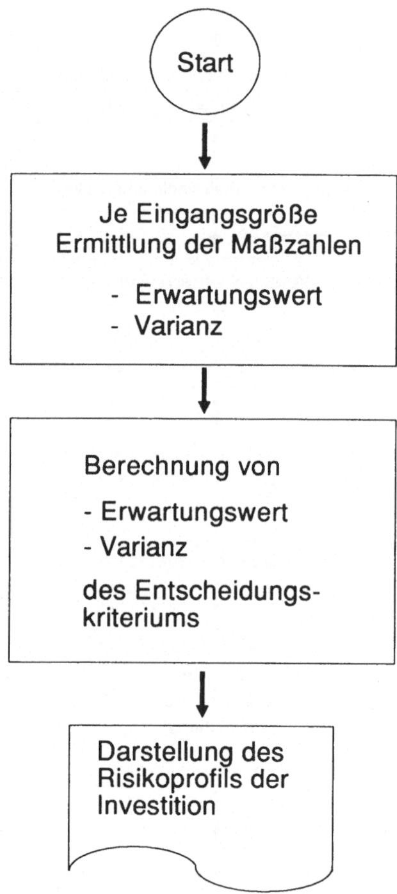

Abb. 3-4: Prinzipieller Ablauf des analytischen Verfahrens.

Die Annahme der Normalverteilung führt in vielen Fällen zu sinnvollen und praktisch brauchbaren Ergebnissen, da diese Verteilung den jeweiligen Einschätzungen oftmals approximativ entspricht (vgl.: HACKSTEIN 1984, S. 0-75; KÜPPER/ KNOOP 1974, S. 228; HILLIER 1963, S. 446). "Die wichtigste Rechtfertigung liefert jedoch der Tatbestand, daß eine Summe von Zufallsvariablen unter verschiedenen Umständen in Annäherung normal verteilt ist"[17] (KÜPPER/KNOOP 1974, S. 228). Den Rechenvorgang zur Ermittlung des Erwartungswertes und der Varianz des Entscheidungskriteriums betreffend entstehen nur dann komplexere Algorithmen mit Kovarianzen bzw. Korrelationskoeffizienten, wenn Abhängigkeiten zwischen einzelnen Eingangsgrößen zu berücksichtigen sind.

Tatsächlich besteht in der Regel eine Abhängigkeit zwischen den marktbezogenen Größen Absatzmenge und Preis. Gerade in der Gießereibranche bedingt ein höherer Absatz oftmals niedrigere Preise, d. h. Abweichungen dieser Größen treten nicht unabhängig voneinander auf. In einigen Beispielen von analytischen Verfahren wird eine derartige Abhängigkeit zwischen Mengen und Preisen durch entsprechende Kovarianzen oder Korrelationskoeffizienten als Kennzahlen gemeinsamer Wahrscheinlichkeitsverteilungen berücksichtigt (vgl. z. B. KÜPPER/KNOOP 1974, S. 232 f. und S. 245 f.; LÜDER 1979, S. 229). Da für eine praktische Anwendung des analytischen Verfahrens zur Investitionsentscheidung über automatische Formanlagen aber die Kostenvergleichsrechnung ohne Berücksichtigung von Erträgen am sinnvollsten ist (Kapitel 5), fällt diese Abhängigkeit weg. Darüberhinaus kann auf Basis einer Untersuchung der Eingangsgrößen und ihrer Unsicherheiten bei einer Kostenvergleichrechnung zum Einsatz einer automatischen Formanlage (siehe BENTLER 1988, S. 127 ff.) abgeleitet werden, daß die Abweichungen der Größen von ihrem jeweiligen Erwartungswert nicht abhängig voneinander auftreten.

3.2.3 Auswahl des analytischen Verfahrens

Das analytische Verfahren ermöglicht im Vergleich zur Risikosimulation eine einfachere Vorgehensweise und direkte Bestimmung des Risikoprofils einer Investition. Es ist durch Reduktion auf die Parameter Erwartungswert und Varianz weniger schätzungsintensiv als eine Simulation z. B. mit Schätzungen im Intervall

---

[17] Anmerk. d. Verf.: siehe auch Ausführungen zum zentralen Grenzwertsatz z. B. bei KREYSZIG 1982, S. 326.

von 0,20 DM bei Verkaufspreisen. Aufgrund dieser Vereinfachung ist die Ermittlung der Wahrscheinlichkeiten eindeutig praktikabler. Die Bestimmung des Risikoprofils erfolgt nicht experimentell, sondern streng rechentechnisch und ist bei stochastischer Unabhängigkeit der Eingangsgrößen sogar manuell nach einem einfachen Schema durchzuführen. Es entfällt das Ziehen von Zufallszahlen mit der Forderung, daß die Häufigkeitsverteilung der Zufallszahlen den verschiedenartigen Wahrscheinlichkeitsverteilungen der Eingangsgrößen entspricht.

Die unkomplizierte und schnelle Durchführung des analytischen Verfahrens ermöglicht es auch besser, Sensitivitätstests hinsichtlich mehr oder weniger gravierender Auswirkungen bei Veränderungen von Eingangsgrößen durchzuführen. Ansätze für sinnvolle Maßnahmen zur Verringerung bzw. genauerer Eingrenzung von Risikofaktoren können so ggf. noch in den Investitionsplanungsprozeß integriert werden.

Zusammenfassend ist festzuhalten, daß das analytische Verfahren für die Investitionsrechnung zum Einsatz einer automatischen Formanlage in Gießereien gut geeignet ist. Auf dieses Verfahren hin wird daher die grundlegende Vorgehensweise zur risikogerechten Investitionsrechnung und -entscheidung abgestimmt und die konkrete Anwendung dargestellt (Kapitel 4 und 5). Im folgenden wird aus Vereinfachungsgründen weiter die Bezeichnung Risikoanalyse verwendet, aber inhaltlich stets speziell das analytische Verfahren angesprochen.

4. Konzeption einer risikogerechten Investitionsrechnung und -entscheidung zum Einsatz automatischer Formanlagen

4.1 Grundlegende Vorgehensweise

Aufbauend auf den Ausführungen zum Risiko bei der Investitionsentscheidung über automatische Formanlagen in bisher gering mechanisierten Gießereien und den prinzipiellen Möglichkeiten zur Bewältigung des Risikos wird im folgenden eine Vorgehensweise konzipiert, die die Grundlage für eine risikogerechte Investitionsrechnung und -entscheidung bildet.

Diese Vorgehensweise gliedert sich in die 4 Abschnitte
- Risiko festlegen,
- Auswirkungen feststellen,
- Risiko bewerten,
- Risiko mindern

mit insgesamt 6 einzelnen Schritten (Abbildung 4-1).

4.1.1 Risiko festlegen

1. Schritt: <u>Unsicherheiten erkennen</u>
Welche Unsicherheiten[18] konkret bei einer Investition bestehen, ist - wie gezeigt wurde - ganz wesentlich eine Frage der Neuartigkeit des Investitionsobjekts für den Investor. Ziel dieses ersten Schritts muß es sein, daß die entsprechenden Verantwortlichen in bezug auf den Einsatz einer automatischen Formanlage im eigenen Unternehmen
- sich bewußt werden, daß bei unsicheren Eingangsgrößen die Gefahr einer Fehlentscheidung bei der Investition besteht und
- sich je Eingangsgröße klarmachen, worin speziell die Ursachen der Unsicherheiten bestehen.

---

[18] Hier kann begrifflich noch nicht von 'Risiko' gesprochen werden, da erst im zweiten Schritt Wahrscheinlichkeiten angegeben werden.

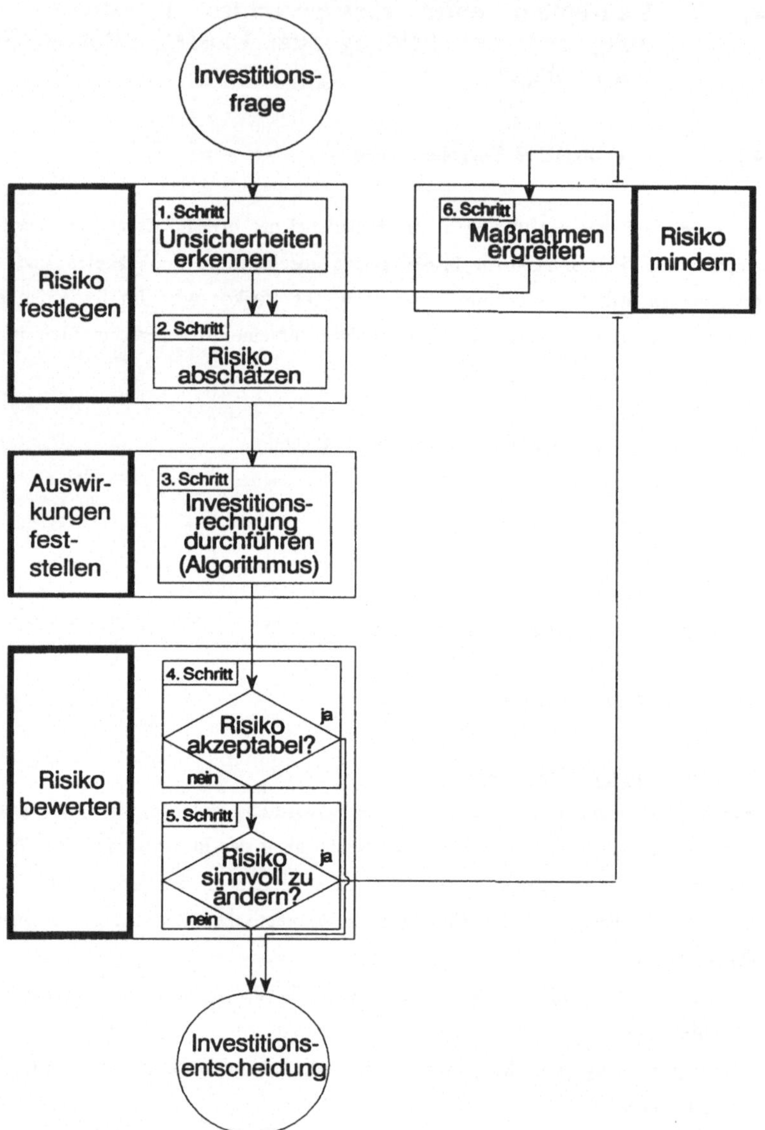

Abb. 4-1: Vorgehensweise zur risikogerechten Investitionsrechnung und -entscheidung.

Je genauer und eindeutiger die einzelnen Unsicherheiten erkannt werden, desto präziser können sie abgeschätzt und die Kenntnisse ggf. als Grundlage für genauere Planungen bzw. Maßnahmen zur Verringerung der jeweiligen Unsicherheit dienen. Mit diesem ersten Schritt wird der Grundstein für den Erfolg der Investition gelegt.

Als wesentlicher Unsicherheitsfaktor muß z. B. bei den Modellen bzw. bei der Bestimmung der Modellkosten eine ungenaue Kenntnis des Ist-Zustands der vorhandenen Modelle erkannt werden. Die Modellkosten für die Änderung der bestehenden Modelle entstehen aufgrund der mit dem neuen Formverfahren verbundenen neuen Anforderungen (siehe Abbildung 4-2) und lassen sich um so sicherer abschätzen, je genauer der Ist-Zustand möglichst aller Modelle (in den untersuchten Gießereien zwischen 500 und 3000 Modellen) festgestellt wird. Dieser Unsicherheitsfaktor läßt sich also in der Regel beeinflussen.

Dieser erste Schritt ist nicht allgemein formalisierbar. Er ist im wesentlichen Bestandteil der technischen Investitionsplanung als ingenieurmäßigem Planungsvorgang und ist von deren Intensität und Zuverlässigkeit abhängig.

Speziell für das Objekt automatische Formanlage wurde hierzu schon detailliert untersucht, welche Unsicherheiten bei den einzelnen Eingangsgrößen der Investitionsrechnung bestehen (BENTLER 1988). Im Rahmen dieser Untersuchung zeigte sich, daß aufgrund der sehr hohen Ähnlichkeiten bezüglich Konstruktion und Einsatz der automatischen Formanlagen viele der Erkenntnisse verallgemeinert und als Grundlage für die jeweils eigenen Planungsvorgänge einer Gießerei genutzt werden können.

2. Schritt: <u>Risiko abschätzen</u>

Auf Basis der Erkenntnisse über die bestehenden Unsicherheiten sollen diese durch Zuordnung von Wahrscheinlichkeiten konkretisiert werden. Ziel dieses Schritts ist es, die einzelnen Risiken quantitativ abzuschätzen.

Bei der Ermittlung von Wahrscheinlichkeiten kann unterschieden werden nach (in Anlehnung an ROWE 1983, S. 18 f.):

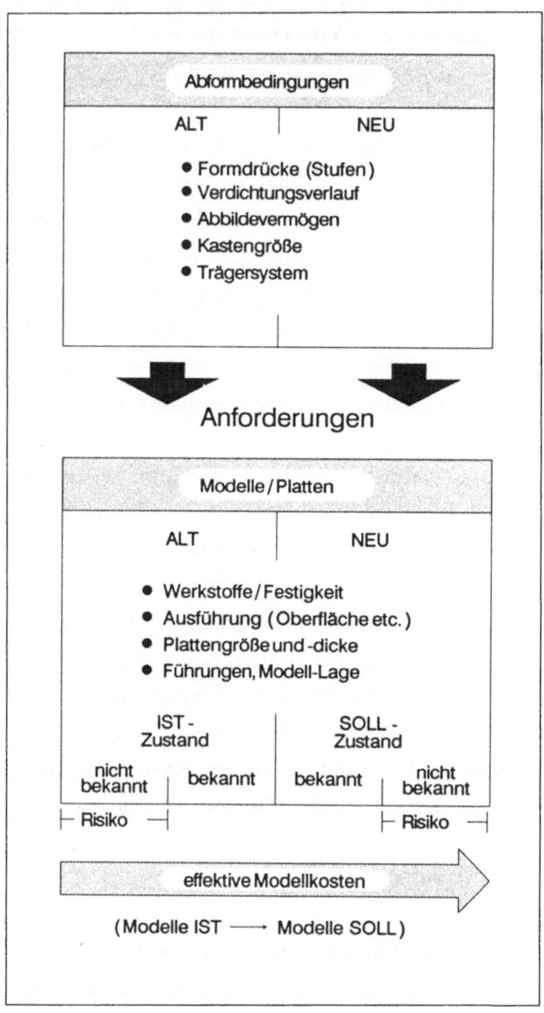

Abb. 4-2: Ableitung der Unsicherheitsfaktoren bei der Bestimmung der Modellkosten (vgl. BENTLER 1988, S. 101).

- Subjektiver Wahrscheinlichkeitsschätzung aufgrund einer nur geringen Anzahl von Werten oder - wie verbreitet - nach subjektiven Annahmen der fachlich kompetenten Beteiligten (z. B. Schätzung der Montagekosten auf Basis des

Anlagen-Layouts und der räumlichen Verhältnisse durch Betriebsingenieure). In diesem Fall liegen subjektive Risiken vor. Diese Form der Ermittlung wurde bereits in Kapitel 3.2 bei den Ausführungen zur Risikosimulation und zum analytischen Verfahren angesprochen.

- Objektiver Wahrscheinlichkeitsschätzung durch direkte Messung z. B. effektiver Kosten in einer genügend großen Zahl von Versuchen bzw. im vorliegenden Fall von Formanlageneinsätzen. Unter dieser Voraussetzung kann von einem objektiven Risiko gesprochen werden. Als Hilfsmittel hierzu werden in der Regel statistische Verfahren herangezogen (Regressionsanalyse; siehe Kapitel 6.2).

- Synthetischer Wahrscheinlichkeitsschätzung als Zwischenstufe ohne direkte Meßwertermittlung von Versuchen bzw. Formanlageneinsätzen, sondern es wird von ähnlichen objektiven Wahrscheinlichkeitssystemen extrapoliert. Werden z. B. Experten aus Gießereien mit Formanlagenerfahrung befragt und lassen sich diese Erfahrungen zulässig auf einen vergleichbaren Einsatz allgemein übertragen, können quasi modellhafte Wahrscheinlichkeiten gebildet werden (siehe Kapitel 6.1). Es wird daher auch von einem modellhaften Risiko gesprochen.

Erstrebenswert sind objektive Wahrscheinlichkeiten, tatsächlich stehen in der Praxis jedoch meist subjektive Wahrscheinlichkeiten zur Verfügung und entscheiden die Investitionsrechnung (vgl. KRUSCHWITZ 1978, S. 225; HAHN 1987, S. 137). Prägnante Beispiele sind die Festlegungen des wahrscheinlichen Absatzes (Mengen, Preise) (z. B. EVERSHEIM u. a. 1985, S. 24 f.) oder Kapazitätsbedarfs (z. B. WESTKÄMPER 1977, S. 130), für deren Bestimmung gerade bei langfristigen Investitionszeiträumen von z. B. 10 Jahren oft bewußt nicht mathematisch-statistische Auswertungen der Vergangenheitswerte entscheidend sind, sondern die zukunftsorientierte Einschätzung durch den Vertrieb. Verfahren wie die Nutzwertanalyse beziehen auch die subjektive Schätzung bewußt mit ein (siehe z. B. BRIEF 1984; VOLK 1984; GROB 1983; REINECKE 1983). Voraussetzungen für jede zulässige subjektive Schätzung sind in allen Fällen die fachliche Kompetenz des Schätzers und seine Objektivität in dem Sinne, daß er nicht "... verzerrend auf die Ergebnisse einwirkt" (DICHTL/KAISER 1978, S. 490). Für den vorliegenden Fall der Durchführung einer Investitionsrechnung und -entscheidung wird davon ausgegangen, daß nur solche Mitarbeiter ausgewählt werden, die diesen Voraussetzungen bestmöglich entsprechen.

Ebenfalls wichtig ist der Aspekt, wie 'schätzungsfreundlich' (in Anlehnung an LÜDER 1979, S. 229) eine Rechnungsgröße ist. So besteht ein Unterschied darin, ob bei der Schätzung einer Rechnungsgröße genauere Anhaltspunkte existieren, die als Basis für die Schätzung dienen (z. B. ein Angebotspreis, der dann hinsichtlich Schwankungsbreite bzw. Wahrscheinlichkeiten geschätzt wird), oder ob eine Schätzung ohne eine derartige Orientierungsgröße erfolgen soll (z. B. bei den Instandhaltungskosten einer neuartigen Anlage). Werden die für die Investitionsrechnung relevanten Eingangsgrößen (Abbildung 4-3) diesbezüglich näher untersucht (siehe BENTLER 1988, S. 127 ff.), sind folgende Unterschiede festzustellen:

- <u>Schätzen der einmaligen Kosten</u>

  Bei allen einmaligen Kosten bestehen insofern konkrete Anhaltspunkte, als Verträge bzw. Angebote (z. B. über den Kaufpreis der Anlage) oder Bestimmungsregeln (z. B. Bewertung der Zeit mit Kostensätzen für notwendiges Fräsen zum Anpassen der Modellplatten) vorliegen, auf deren Basis die Schätzung erfolgen kann.

Eingangsgrößen der Investitionsrechnung			
Kosten			Nutzen
einmalig	laufend		
	Anhalts-punkte		Anhalts-punkte		Anhalts-punkte

einmalig		laufend		Nutzen	
	Anhalts-punkte		Anhalts-punkte		Anhalts-punkte
Planungskosten	●	Energiekosten	●	Putzaufwand geringer	○
Anschaffungs-kosten System Formanlage	●	Personalkosten	●		
		Raumkosten	●	Ausschuß-reduzierung	○
Montagekosten	●	Instandhaltungs-kosten	○		
Modellkosten	●				
Anlaufkosten	●				

Legende: ● mit Anhaltspunkten für Schätzung
          ○ ohne Anhaltspunkte für Schätzung

<u>Abb. 4-3</u>: Eingangsgrößen zur Investitionsrechnung zum Einsatz einer automatischen Formanlage.

o <u>Schätzen der laufenden Kosten</u>

Für die Bestimmung der Raum-, Personal- und Energiekosten existieren ähnliche Möglichkeiten bzw. Regeln (z. B. Stromkosten je nach installierter KW-Leistung, Betriebsstunden und Arbeitspreis), die ebenfalls eine gute Basis für Schätzungen[19] bieten.

Eine Ausnahme bilden jedoch die Instandhaltungskosten. Die bisher gering mechanisierten Gießereien haben kaum eine Vorstellung oder Orientierungshilfe, mit welchen Werten sie bei einer automatischen Formanlage zu rechnen haben. Umfangreiche und zuverlässige Erfahrungswerte aus der Praxis anderer Gießereien lagen bisher nicht vor. Auch die Anlagenhersteller sind in der Regel nicht in der Lage, hierzu zuverlässige Informationen zu geben. Ihnen fehlt selbst die Rückkopplung aus den Gießereien, da diese ihre Ersatzteile aus Kostengründen selbst fertigen oder direkt beim Erstlieferanten der Komponente beschaffen (z. B. Motoren).

Von den untersuchten Gießereien rechneten 80 % mit Kostensätzen für die Instandhaltung von 2 - 20 % der Anschaffungskosten. Aus welchen Gründen welcher Prozentsatz gewählt wurde, war nicht nachvollziehbar. Auch konnte in keiner Gießerei eine Übereinstimmung von tatsächlichen Kosten und Rechnungsannahme ermittelt werden. Die übrigen 20 % der Gießereien schätzten aus Mangel an Alternativen die Kosten auf der Grundlage ihrer bisherigen Beträge für Einzelformmaschinen.

Eine quasi 'orientierungslose' Schätzung ist aber für ein risikogerechtes Verfahren zur Investitionsrechnung nicht zulässig. Es stellt sich damit die Aufgabe, eine zuverlässigere Methode zur Bestimmung der Instandhaltungskosten in die Risikoanalyse miteinzubeziehen.

Aufgrund der hohen Ähnlichkeit automatischer Formanlagen in Konstruktion und Einsatz sowie der verbreiteten gleichen Instandhaltungskonzeption der Anlagen

---

[19] Zum Beispiel sind zur Bestimmung der Stromkosten die Betriebsstunden nicht sicher festzulegen, da im vorhinein nicht feststeht, ob die Hydraulikaggregate zur Aufrechterhaltung der Betriebstemperatur des Hydrauliköls über Nacht und über das Wochenende durchlaufen müssen.

in den Gießereien (siehe Kapitel 6.2.1) bietet es sich für die Instandhaltungskosten an, auf Basis einer durch statistische Auswertung (Regression) entsprechender Daten aus Gießereien gewonnenen Bestimmungsgleichung objektive Wahrscheinlichkeiten aufzustellen (Kapitel 6.2.2/3).

o <u>Schätzen der Nutzengrößen</u>

In über 90 % der untersuchten Gießereien wurden aufgrund der neuen Formverfahren, die gegenüber der Rüttel-Preß-Verdichtung auf Einzelformmaschinen ein deutlich besseres Formvermögen aufweisen, eindeutige und erhebliche Verringerungen beim Putzaufwand und Ausschuß festgestellt. Diese Auswirkungen müssen nach ihrer finanziellen Bewertung als ersparte Kosten als eigenständige Größen mit in die Investitionsrechnung eingehen (vgl. DIETRICH/ELIAS 1986, S. 15).

Wie bei den Instandhaltungskosten besteht jedoch bei einer Schätzung der Verringerung von Putzaufwand und Ausschuß durch die neue Formanlage für die jeweilige Gießerei das Problem, Aussagen treffen zu müssen, ohne daß auf Informationen von Herstellern und anderen Gießereien oder sonstige konkrete Anhaltspunkte zurückgegriffen werden kann. Zur Sicherung einer risikogerechten Investitionsrechnung ist damit ebenfalls eine zuverlässigere Methode zur Schätzung notwendig. Die Ermittlung entsprechender realer Ersparnisse der einzelnen Gußstücke verschiedener Gießereien ist aber zu aufwendig, so daß sich die Bildung modellhafter Risiken anbietet. Statt einzelne Meßdaten in erheblichem Umfang zu erheben und auszuwerten, können von Formanlagenexperten in den untersuchten Gießereien mit fundierten Einsatzerfahrungen (Meister, Produktionsleiter) verallgemeinerungsfähige, synthetische Wahrscheinlichkeitsschätzungen ermittelt und für eine Investitionsrechnung nutzbar gemacht werden (siehe Kapitel 6.1).

Zusammenfassend ist festzustellen, daß für die Schätzung der einmaligen Kosten sowie der Personal-, Raum- und Energiekosten unter den Voraussetzungen der Kompetenz und Objektivität der Schätzer subjektive Wahrscheinlichkeiten als zulässig angesehen werden können. Gerade die Verbindung von technischer Investitionsplanung und Investitionsrechnung sowie der Zwang zur offenen und eindeutigen Einschätzung der Risiken mit einer entsprechenden Begründungspflicht auf der einen und Kontrollmöglichkeit auf der anderen Seite wird eine objektive und intensive Auseinandersetzung mit dem Problem der Unsicherheit fördern.

Ergebnis der ersten beiden Schritte sind die konkreten und hinsichtlich ihres Risikos bestimmten Eingangsgrößen (z. B. die Aussage, daß die Modellkosten bei normalverteilten Wahrscheinlichkeiten zwischen 800 und 950 TDM liegen).

4.1.2 Auswirkungen feststellen

3. Schritt: <u>Investitionsrechnung durchführen</u>
Nach Bestimmung der Eingangsgrößen kann die Investitionsrechnung mit dem durch die Wahl des Entscheidungskriteriums (ROI, Stückkosten, Kapitalwert etc.) vorgegebenen Algorithmus durchgeführt werden.

Ziel dieses 3. Schritts ist es, für die der Investitionsrechnung nachfolgenden Bewertung des Risikos einer Investition eine adäquate Grundlage bereitzustellen. Das Ergebnis der Investitionsrechnung hat damit konsequenterweise auch das Risiko der Investition möglichst eindeutig abzubilden. Hierzu sind die Risiken bzw. Wahrscheinlichkeiten der einzelnen Eingangsgrößen in das Ergebnis einzubeziehen (Abbildung 4-4). Diese Anforderung wird von der Risikoanalyse erfüllt.

Die Betriebswirtschaftslehre hat eine Reihe von Entscheidungskriterien zur Investitionsrechnung entwickelt. Welches der Entscheidungskriterien zu wählen ist, wird nach wie vor in der Betriebswirtschaftslehre kontrovers diskutiert. Zum Teil werden auch zwei Kriterien nebeneinander durchgeführt. Bei der Risikoanalyse handelt es sich um eine spezielle Rechentechnik, die auf jedes der Kriterien angewendet werden kann. Damit findet also gerade vor dem Hintergrund einer nach wie vor kontroversen Diskussion um die Wahl des sinnvollsten Kriteriums keine Einengung statt.

4.1.3 Risiko bewerten

4. Schritt: <u>Entscheidung, ob das Risiko akzeptabel ist</u>
Das Ergebnis der Investitionsrechnung ist dahingehend zu bewerten, ob es in dieser Form akzeptiert werden kann oder nicht. Erst in dieser Bewertung soll die Risiko –

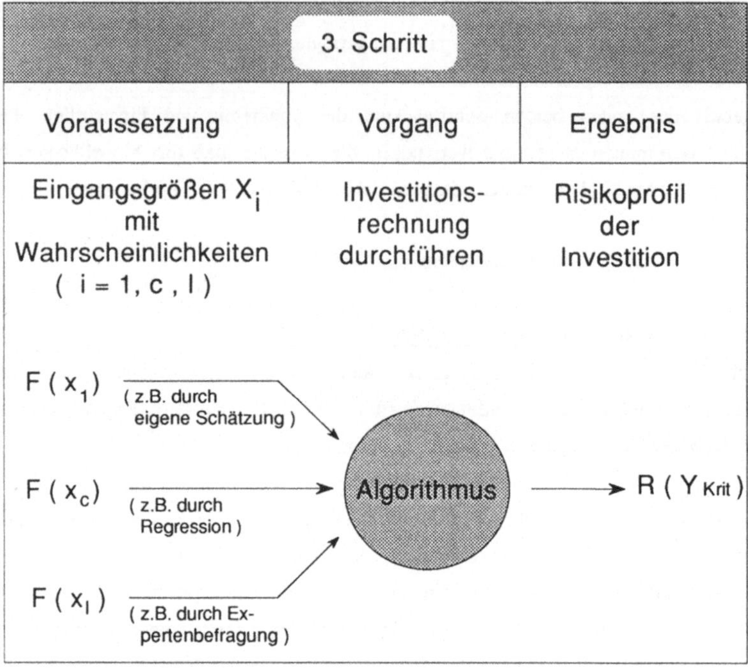

Abb. 4-4: Prinzipieller Ablauf des 3. Schrittes der Vorgehensweise unter Einbeziehung von Wahrscheinlichkeiten.

einstellung des Entscheidenden individuell zum Ausdruck kommen. Abbildung 4-5 zeigt das Risikoprofil einer Investition mit dem Kapitalwert als Entscheidungskriterium und dem Erwartungswert $E(C_0)$.

Die Wahrscheinlichkeit dafür, daß $C_0 \geq 0$ und damit eine Verzinsung in Höhe des Kalkulationszinsatzes erreicht wird, beträgt 70 %. Der Chance von 70 %, den Kalkulationszinssatz zu überschreiten, steht ein Risiko der Nichterreichung von 30 % gegenüber. Ob dieses Chancen-Risiko-Verhältnis akzeptiert werden kann, hängt von der Bereitschaft des/der Entscheidenden ab, Risiken zu tragen. Objektiv eindeutig und damit unabhängig von der subjektiven Risikoeinstellung wäre die Entscheidungssituation nur dann, wenn die Wahrscheinlichkeit für ein Erreichen

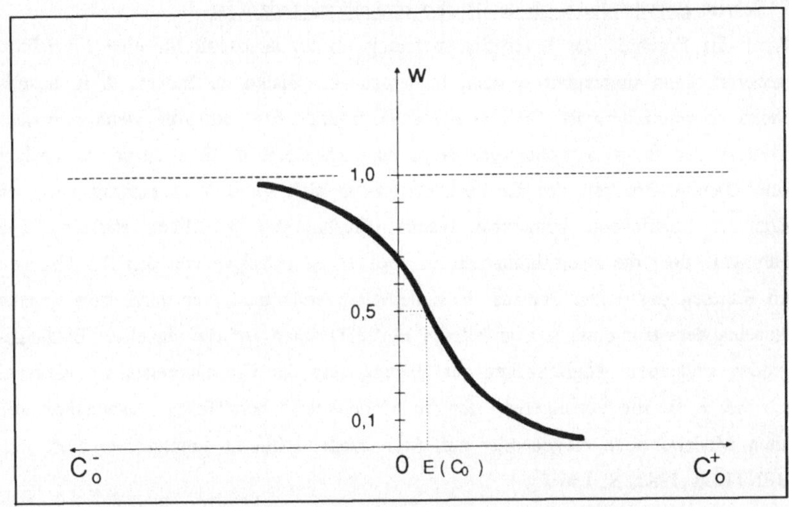

Abb. 4-5: Risikoprofil einer Investition auf Basis des Kapitalwertes C_O (LÜDER 1979, S. 232).

oder Überschreiten des Kapitalwertes von Null 100 % bzw. 1 ist. Dann bestände gar kein Risiko des Zinsentgangs oder gar eines Verlustes des Geldvermögens (vgl. LÜDER 1979, S. 231 f.).

Wäre ein Beurteiler risikoneutral, würde er sich nur am Erwartungswert orientieren und alle anderen Informationen außer acht lassen. Eine risikoscheu oder risikofreudig entscheidende Person wird nach der Risikonutzentheorie ihre Entscheidung außer am Erwartungswert auch an der Streuung ausrichten wollen. Maßstab für das Risiko ist hierbei ein für die Bewertung maßgeblicher Präferenzwert als eine Funktion des Erwartungswertes und der Varianz bzw. Standardabweichung (μ - σ - Regel; vgl.: SCHNEIDER 1975, S. 106 ff.; KRUSCHWITZ 1978, S. 238 ff.) der Wahrscheinlichkeitsverteilung (vgl. BITZ 1981, S. 98 f.). Diese Informationen werden bei Anwendung der Risikoanalyse bereitgestellt.

Ergebnis des vierten Schritts wird bei Befürwortung des Ergebnisses die Entscheidung für den Einsatz einer automatischen Formanlage sein. Andernfalls kann zum nächsten Schritt übergegangen werden.

5. Schritt: <u>Entscheidung, ob das Risiko sinnvoll zu ändern ist</u>

Wird das Ergebnis der Investitionsrechnung als zu risikovoll für eine Investition bewertet, kann untersucht werden, inwieweit das Risiko zu ändern, d. h. ausreichend zu vermindern ist. Dies ist nur dann möglich bzw. sinnvoll, wenn eine oder mehrere der Eingangsgrößen überhaupt zu verbessern, d. h. sicherer zu machen sind (Beeinflußbarkeit des Risikos) und wenn sich diese Verbesserung auch im Ergebnis hinreichend bemerkbar macht (Einfluß des jeweiligen Risikos). Die Fähigkeit, über die Beeinflußbarkeit zu urteilen, ist abhängig von den Bemühungen im Rahmen des ersten Schritts 'Unsicherheiten erkennen'. Nur durch eine genaue Auseinandersetzung mit den jeweiligen Einflußfaktoren auf die einzelnen Eingangsgrößen sind auch Möglichkeiten zur Verringerung der Unsicherheiten zu erkennen (so daß z. B. zur Verringerung der die Modellkosten betreffende Unsicherheit alle alten Modelle noch eingehender auf ihren Zustand hin zu untersuchen sind; vgl. BENTLER 1988, S. 136 f.).

Der Einfluß einer unsicheren Eingangsgröße auf das Ergebnis kann dadurch ermittelt werden, daß die Werte je nach der für möglich gehaltenen Verbesserung neu ermittelt werden und eine weitere Investitionsrechnung durchgeführt wird. Ziel sollte es sein, zunächst solche Eingangsgrößen sicherer zu machen, die einen großen Einfluß auf das Ergebnis der Investitionsrechnung ausüben.

Natürlich ist das mehrfache Durchrechnen nur bei entsprechender Praktikabilität und niedrigem Aufwand der Vorgehensweise sinnvoll. Die Risikoanalyse mit dem analytischen Verfahren bietet - insbesondere wenn sie PC-gestützt erfolgen kann - die Möglichkeit, auf einfache und schnelle Weise Änderungen bei den Eingangsgrößen vornehmen und eine neue Rechnung durchführen zu können.

Wird nach entsprechenden Überlegungen eine Möglichkeit zur Verminderung des Risikos bei einer oder mehreren Eingangsgrößen gesehen, erfolgt die Realisierung durch den sechsten Schritt der Vorgehensweise. Ist dies nicht der Fall, ist als Konsequenz eine negative Investitionsentscheidung zu fällen.

4.1.4 Risiko mindern

6. Schritt: <u>Maßnahmen ergreifen</u>

Dieser letzte Schritt folgt als Konsequenz einer positiven Entscheidung des fünften Schritts der Vorgehensweise und basiert inhaltlich auf den Erkenntnissen aus der Bearbeitung des ersten Schritts. Ziel ist es, die Unsicherheiten noch enger einzugrenzen, so daß eine neue Schätzung der Wahrscheinlichkeiten vorgenommen werden kann. Beispielsweise lassen sich neben den Modellkosten oft auch die Montage- und Anlaufkosten genauer bestimmen. Die Vorgehensweise führt dann wieder zu der Fragestellung, ob nun das Risiko der Investition akzeptiert werden kann, und weiter zur Investitionsentscheidung für oder wider den Einsatz einer automatischen Formanlage.

4.2 Einordnung der Risikoanalyse in die Vorgehensweise

In der dargestellten Vorgehensweise umfaßt das Verfahren der Risikoanalyse die Schritte 2 und 3 (Abbildung 4-6). Es ist aber, wie sich aus den Ausführungen zur Vorgehensweise ergibt, eng mit in den Gesamtablauf eingebunden.

Im zweiten Schritt der Vorgehensweise als dem erstem Teil der Risikoanalyse werden durch Schätzung für die unabhängigen Eingangsgrößen die Erwartungswerte und Varianzen festgelegt. Aus ihnen wird dann im rechnerischen Teil der Risikoanalyse (2. Teil) der Erwartungswert und die Varianz des Entscheidungskriteriums ausgerechnet und das Risikoprofil der Investition bestimmt (Kapitel 5).

Auf dieser durch die Risikoanalyse geschaffenen Grundlage erfolgt die individuelle Bewertung. Die Risikoanalyse bildet damit den zentralen Baustein der Vorgehensweise zur risikogerechten Investitionsrechnung und -entscheidung.

4.3 Wirtschaftlichkeit und Humanisierung als Ziele einer ganzheitlichen Investitionsentscheidung

Die Vorgehensweise mit dem Verfahren der Risikoanalyse betrifft die betriebswirtschaftliche, d. h. monetär ausgerichtete Seite einer Investitionsrechnung mit

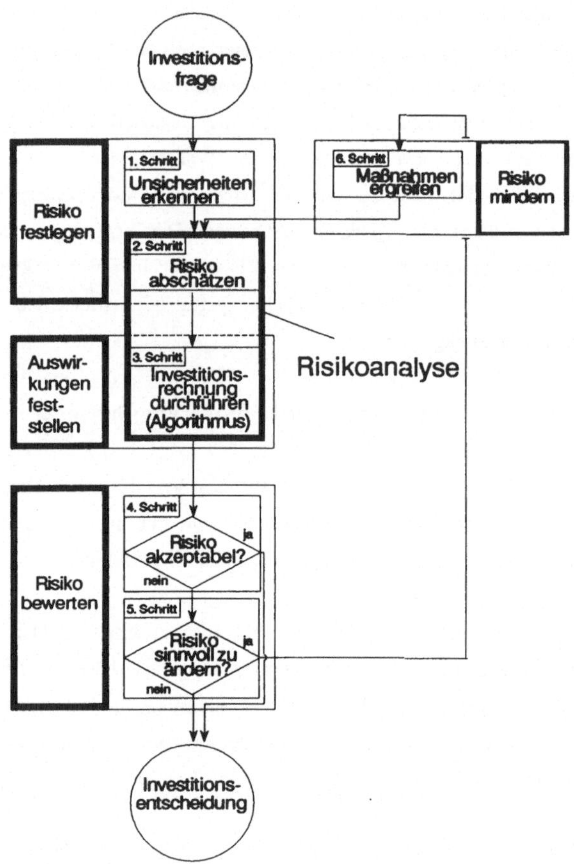

Abb. 4-6: Einordnung der Risikoanalyse in die Vorgehensweise.

quantifizierbaren Größen, denn nach wie vor ist in einem Wirtschaftsunternehmen die Frage nach dem finanziellen Sinn einer Investition von erheblicher Bedeutung. Dennoch müssen als Ziele Wirtschaftlichkeit und Humanisierung gelten (in Anlehnung an HACKSTEIN 1988, S. 9), das heißt, es sind wirtschaftliche und menschengerechte Arbeitssysteme zu schaffen. Oft wird heute eine ganzheitliche Investitionsrechnung durchgeführt, bei der auch alle nicht monetär quantifizierbaren Größen berücksichtigt werden (vgl. Abbildung 4-7). Dies ist um so wichtiger, je komplexer die Auswirkungen des Investitionsobjekts auch auf die Mitarbeiter sind (Qualifikation, Arbeitsbelastung etc.). HACKSTEIN u. a. (1971, S. 33) trennen hinsichtlich einer derartigen Beurteilung nach ökonomischen Formal- und sozialen Formalzielen. GROB (1983, S.13) spricht von einer dualen Bewertung.

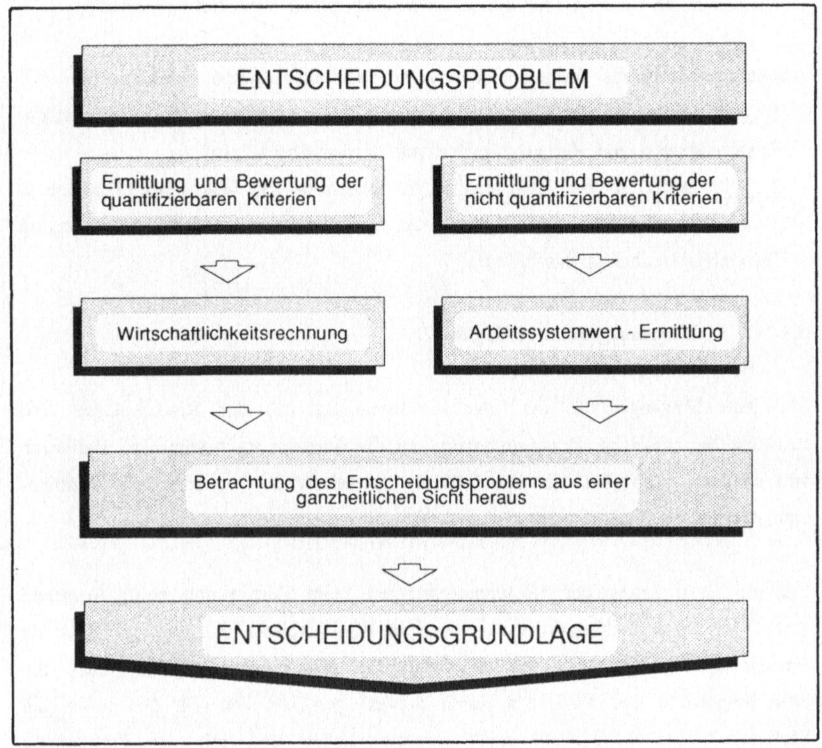

<u>Abb. 4-7</u>: Beurteilung von Arbeitssystemen (vgl. BERGMANN/HAIDVOGL 1985, S. 988).

Hinsichtlich einer Entscheidung über den Einsatz einer automatischen Formanlage wurden bereits die den sozialen Formalzielen entsprechenden, nicht monetär quantifizierbaren Größen näher untersucht und bestimmt (ZANGEMEISTER 1989). Die vorliegende Arbeit und die Untersuchungen von ZANGEMEISTER können als sich ergänzende Komponeten einer risikogerechten, ganzheitlichen Investitionsrechnung und -entscheidung angesehen werden.

5. Die Risikoanalyse als Verfahren zur Investitionsrechnung zum Einsatz automatischer Formanlagen

Aufbauend auf den grundsätzlichen Ausführungen zu dem gemäß Kapitel 3 ausgewählten analytischen Verfahren zur Risikoanalyse werden im folgenden die Voraussetzungen für eine praktische Anwendung dieses Verfahrens geschaffen.

Ausgangspunkt ist die Teilung in zwei Abschnitte entsprechend Abbildung 5-1:

- 1. Teil: Festlegung der Eingangsgrößen mit ihren Wahrscheinlichkeitsparametern Erwartungswert und Varianz als Vorgang "Risiko abschätzen"

- 2. Teil: Ermittlung des Risikoprofils der Investition mit Wahrscheinlichkeiten je nach Erwartungswert und Varianz des Entscheidungskriteriums als Vorgang "Investitionsrechnung durchführen"

5.1 Eingangsgrößen festlegen

Für jede Eingangsgröße der Investitionsrechnung mit der Risikoanalyse sind zunächst der jeweilige Erwartungswert und die Varianz zu bestimmen. Varianzen von sicheren oder quasi-sicheren Größen (normalerweise vor allem die Raumkosten) werden zu Null gesetzt.

Für die Bestimmung der Kosteneinsparungen beim Putzen und beim Ausschuß sowie der Instandhaltungskosten werden in den Kapiteln 6.1 und 6.2 spezielle Verfahren ausgeführt. Für die anderen unsicheren Eingangsgrößen werden die Erwartungswerte und Varianzen durch Schätzungen von dem für den jeweiligen Sachverhalt (z. B. Modellkosten) verantwortlichen und mit der Problematik möglichst gut vertrauten Projektmitglied bestimmt.

Bei der (symmetrischen) Normalverteilung bietet der wahrscheinlichste bzw. mittlere Wert x_m im Schwankungsbereich der Werte einer Eingangsgröße X einen guten Schätzwert für den Erwartungswert E(x) (vgl. KÜPPER/KNOOP 1974, S. 236), d. h.:

$$(5.1) \qquad E(x) = \mu \approx x_m = \frac{x_i{}' + x_i{}''}{2}$$

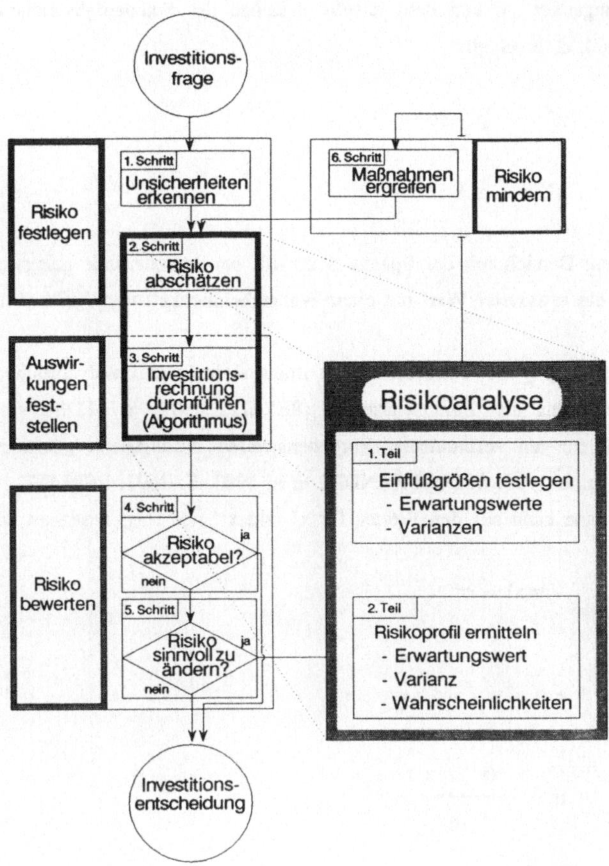

Abb. 5-1: Abschnitte der Risikoanalyse in bezug auf die Vorgehensweise nach Kapitel 4.

mit x' und x'' als unterste und oberste Grenze des Schwankungsbereichs einer Eingangsgröße. Der Erwartungswert ist dann direkt durch die Frage nach dem als am wahrscheinlichsten erscheinenden Wert oder indirekt über die unterste und oberste Grenze des Schwankungsbereiches zu ermitteln. Je nach Eingangsgröße der Investitionsrechnung oder je nach Neigung des Schätzers kann damit zwischen zwei Möglichkeiten gewählt werden.

Die beiden Grenzwerte x' und x'' kennzeichnen die Schwankungsbreite um den Erwartungswert μ von dem jeweils 3-fachen der Standardabweichung σ (Abbildung 5-2), d. h. es gilt:

$$(5.2) \qquad x' = \mu - 3\sigma$$

und

$$(5.3) \qquad x'' = \mu + 3\sigma$$

In diesem Bereich mit der Spanne 6 σ wird bei der zugrunde gelegten Normalverteilung ein erwarteter Wert mit einer Wahrscheinlichkeit von 99,74 % liegen.

Die Werte $\mu \pm 3\sigma$ entsprechen den minimal bzw. maximal erreichbaren Werten. Ihre Schätzung als "Punktschätzung" (PERLITZ 1979, S. 41) hat sich bei vielen mit Schätzungen verbundenen Vorgehensweisen durchgesetzt (siehe z. B. LASSMANN u. a. 1985, S. 50; BRANDES u. a. 1983, S. 2697; PERLITZ 1979, S. 41). Die Varianz kann aus den Werten für x' und x'' wie folgt bestimmt werden:

$$(5.4) \qquad Var(x) = \sigma^2$$

Mit

$$(5.5) \qquad 6\sigma = \mu + 3\sigma - (\mu - 3\sigma)$$

folgt:

$$(5.6) \qquad \sigma = \frac{(x'' - x')}{6}$$

und

$$(5.7) \qquad Var(x) = \frac{(x'' - x')^2}{36}$$

Damit sind in diesem ersten Teil der Risikoanalyse die Erwartungswerte und die Varianzen der Eingangsgrößen bestimmt.

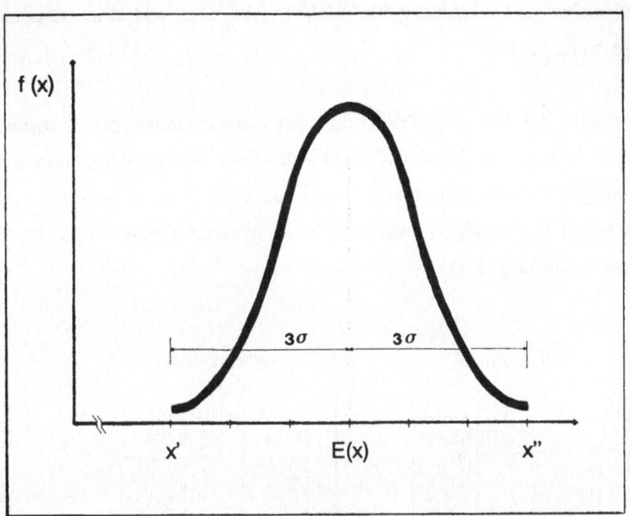

<u>Abb. 5-2</u>:   Normalverteilung mit Erwartungswert und 3σ-Grenzen.

5.2   Risikoprofil ermitteln

Mit den Erwartungswerten und Varianzen der Eingangsgrößen werden auf Basis des durch das ausgesuchte Entscheidungskriterium vorgegebenen Algorithmus der Erwartungswert und die Varianz des Entscheidungskriteriums ausgerechnet. Hierzu bedarf es einiger Umformungen des jeweiligen Algorithmus, so daß zunächst das Entscheidungskriterium auszuwählen ist.

5.2.1   Auswahl des Entscheidungskriteriums für die Investitionsrechnung

Die Untersuchung des Verfassers ergab, daß in den Gießereien die Kostenvergleichsrechnung am meisten verbreitet ist. Ein Grund hierfür ist, daß keine Zuordnung von Erträgen notwendig ist. Die automatische Formanlage ist Teil eines Ablaufs mit vielen anderen Produktionsvorgängen, so daß diesem Teilvorgang kaum entsprechende Ertragsanteile zugeordnet werden können. Für die Kostenvergleichsrechnung spricht auch die Empfehlung, die gleichen Kapazitäten bzw. Formenstückzahlen wie vor dem Einsatz der automatischen Formanlage zugrunde zu legen (siehe z. B. DIETRICH/ELIAS 1986, S. 14 f.), da aufgrund des verschärften nationalen und internationalen Wettbewerbs eher von einer stagnierenden Gußnachfrage auszugehen ist.

In der Praxis wird die bisherige Produktion mit Einzelformmaschinen kostenmäßig auf Basis einer bestimmten Formenstückzahl mit dem Einsatz einer automatischen Formanlage verglichen (Ersatzproblem), wobei auch die Kosten von alternativ zur Auswahl stehenden Formanlagen untereinander in gleicher Weise verglichen werden (Wahlproblem; Abbildung 5-3).

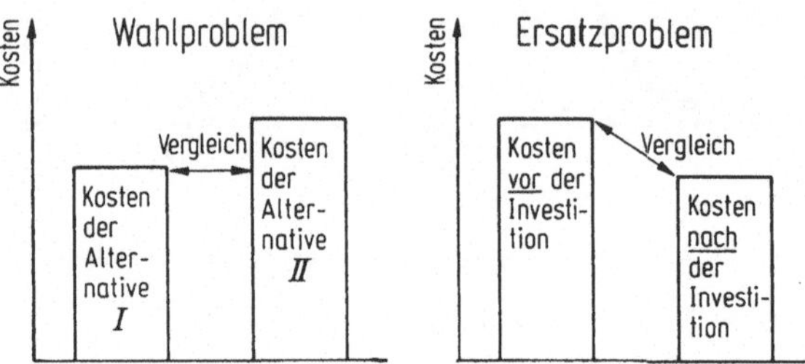

Abb. 5-3: Fragestellungen bei der Kostenvergleichsrechnung (WARNECKE u. a. 1984, S. 181).

Für die Anwendung der Risikoanalyse wird daher ebenfalls die Kostenvergleichsrechnung ausgewählt. Grundsätzlich sind aber auch andere Rechnungen mit der Risikoanalyse möglich. Über multiplikative Verknüpfungen der Erwartungswerte und Varianzen (vgl. z. B. LÜDER 1979, S. 230 f., und KÜPPER/KNOOP 1974, S. 229) wäre z. B. auch eine Rentabilitätsberechnung möglich. Damit findet gerade vor dem Hintergrund einer kontrovers geführten Diskussion um die Auswahl von Entscheidungskriterien zur Investitionsrechnung keine Einengung statt[20].

Als Grundlage für die Umformung gelten somit - bezogen auf eine vorzugebende durchschnittliche Formenstückzahl je Jahr des Abschreibungszeitraums - die jährlichen Gesamtkosten K_{Ges} von z. B. 1.926 TDM je Jahr bei 210.000 Formen im Jahr (Beispiel aus Kapitel 7). Die Gesamtkosten je Jahr ergeben sich dann als

---

[20] Z. B. zur Diskussion um den internen Zinsfuß siehe einerseits: KRUSCHWITZ 1978, S. 96, oder BITZ 1984, S. 436; und als Contraposition: LÜDER 1977, S . 15, oder BUSSE VON COLBE/ LASSMANN 1977, S. 331.

Summe der einzelnen jährlichen Kostengrößen[21] K_j abzüglich der jährlichen Einsparungen durch Verringerung beim Putzaufwand V_P und beim Ausschuß V_A:

$$(5.8) \qquad K_{Ges} = \sum_j K_j - V_P - V_A$$

Die variablen Einzelgrößen sind entsprechend der vorgegebenen Formenstückzahl je Jahr zu ermitteln. Die jährlichen Kapitalkosten werden herkömmlich über den Abschreibungszeitraum einschließlich Zinsen errechnet.

5.2.2 Umformen der Kostenvergleichsrechnung

Die Umformung von Gleichung (5.8) zur Anwendung der Risikoanalyse basiert auf den Regeln der Wahrscheinlichkeitsrechnung. Es gilt bei Unabhängigkeit der Einzelgrößen (vgl. BLOHM/LÜDER 1978, S. 197):

$$(5.9) \qquad E(K_1 + K_2) = E(K_1) + E(K_2)$$

d. h. der Erwartungswert einer Summe ist gleich der Summe der einzelnen Erwartungswerte;

$$(5.10) \qquad Var(K_1 + K_2) = Var(K_1) + Var(K_2)$$

d. h. die Varianz einer Summe ist gleich der Summe der Einzelvarianzen.

Bei multiplikativer Verknüpfung und Zugrundelegung von Normalverteilungen würde entsprechend gelten (vgl. WAGLE 1967, S. 16 ff., zitiert bei: LÜDER 1979, S. 231):

$$(5.11) \qquad E(K_1 \cdot K_2) = E(K_1) \cdot E(K_2)$$

und

---

[21] Die Kostengrößen K_j wurden bereits in Abbildung 4-3 mit der Unterteilung nach einmaligen (z. B. Anschaffungskosten) und laufenden Kosten (z. B. Personalkosten) dargestellt.

$$(5.12) \quad \text{Var}(K_1 \cdot K_2) = (E(K_1))^2 \cdot \text{Var}(K_2) +$$

$$+ (E(K_2))^2 \cdot \text{Var}(K_1) +$$

$$+ \text{Var}(K_1) \cdot \text{Var}(K2)$$

Auf dieser Basis ließe sich z. B. die Berechnung des ROI's einer Investition durchführen. Für die hier zugrunde liegende Kostenvergleichsrechnung ergeben sich unter Bezug auf die Gleichungen (5.8), (5.9) und (5.10) folgende Berechnungsformeln:

$$(5.13) \quad E(K_{Ges}) = \sum_j E(K_j) - E(V_P) - E(V_A)$$
und
$$(5.14) \quad \text{Var}(K_{Ges}) = \sum_j \text{Var}(K_j) - \text{Var}(V_P) - \text{Var}(V_A)$$

5.2.3 Vorgehen zur Ermittlung des Risikoprofils

Erwartungswerte und Varianzen der Eingangsgrößen werden entsprechend den Gleichungen (5.13) und (5.14) verrechnet. Ergebnisse sind der Erwartungswert und die Varianz der Gesamtkosten, d. h.

$$(5.15) \quad E(K_{Ges}) =: \mu_{K_{Ges}}$$
und
$$(5.16) \quad \text{Var}(K_{Ges}) =: \sigma^2_{K_{Ges}}$$

Mit der Berechnung des Erwartungswertes und der Varianz der Gesamtkosten ist die Verteilung der Gesamtkosten eindeutig festgelegt. Das Risikoprofil erstreckt sich analog den Gleichungen (5.2) und (5.3) mit Wahrscheinlichkeiten von 0,0013 bis 0,9987 zwischen:

$$(5.17) \quad y'_{K_{Ges}} = \mu_{K_{Ges}} - 3\sqrt{\sigma^2_{K_{Ges}}} = Y_{K_{Ges}}(0,0013)$$

$$(5.18) \quad y''_{K_{Ges}} = \mu_{K_{Ges}} + 3\sqrt{\sigma^2_{K_{Ges}}} = Y_{K_{Ges}}(0,9987)$$

Die Ermittlung der Werte zwischen y' und y'' mit ihren Wahrscheinlichkeiten W(y) erfolgt über die Verteilungsfunktion $\Phi(y)$ der Standardnormalverteilung mit:

$$(5.19) \qquad W(Y \leq y) = \Phi \left(\frac{y - E(Y)}{\sqrt{Var(Y)}} \right)$$

Diese Funktion ist für die Standardnormalverteilung mit $\mu = 0$ und $\sigma = 1$ tabelliert (z. B.-HACKSTEIN 1986, S. 0-96 f.). Die tabellierten Wahrscheinlichkeiten z. B. der μ-, σ-, 2σ- oder 3σ-Werte sind für alle Normalverteilungen gleich und können für jedes y einer beliebigen $N(\mu,\sigma)$-Verteilung mittels eines durch Transformation gewonnenen Wertes z entnommen werden mit:

$$(5.20) \qquad z = \frac{y - \mu}{\sigma}$$

In dieser Normierung liegt der Ansatz für ein einfaches, schematisches Vorgehen zum Aufstellen des individuellen Risikoprofils:

Hierzu wird der Bereich zwischen $(\mu - 3\sigma)$ und $(\mu + 3\sigma)$ der Normalverteilung in ausreichend genaue Abschnitte unterteilt. Für die vorliegende Arbeit wurden 20 Abschnitte gewählt, d. h. bei einem Erwartungswert für die Gesamtkosten pro Jahr von z. B. 2.000 TDM und einer Schwankungsbreite von $\pm$ 200 TDM könnte jeder 20 TDM-Stufe eine bestimmte Wahrscheinlichkeit zugeordnet werden.

Tabelle 5-1 stellt die entsprechenden Punkte der Verteilungsfunktion dar, denen exemplarisch die entsprechend gestuften Beträge des gewählten Beispiels zugeordnet sind. Die Werte für $W(Y \leq y)$ geben an, mit welcher Wahrscheinlichkeit ein Betrag y als Grenze erreicht wird. Zum Beispiel ist die Wahrscheinlichkeit, daß ein Betrag kleiner oder gleich y' ist, sehr gering (0,0013); die Wahrscheinlichkeit, daß er unterhalb y'' liegt oder diese Grenze gerade erreicht, aber nicht überschreitet, ist dagegen sehr groß (0,9987).

Durch Transformation mit

$$(5.21) \qquad P(Y > y) = 1 - P(Y \leq y)$$

Werte der Verteilungsfunktion $\phi(y)$		
$\phi(y) = W(Y \leqslant y)$ mit $y' \leqslant y \leqslant y''$		
Grenze y	Wahrscheinlichkeit $W(Y \leqslant y)$	Beispiel (TDM)
$\mu - 3{,}0\,\sigma$ $(=y')$	0,0013	1.800
$\mu - 2{,}7\,\sigma$	0,0035	1.820
$\mu - 2{,}4\,\sigma$	0,0082	1.840
$\mu - 2{,}1\,\sigma$	0,0179	1.860
$\mu - 1{,}8\,\sigma$	0,0359	1.880
$\mu - 1{,}5\,\sigma$	0,0668	1.900
$\mu - 1{,}2\,\sigma$	0,1151	1.920
$\mu - 0{,}9\,\sigma$	0,1841	1.940
$\mu - 0{,}6\,\sigma$	0,2743	1.960
$\mu - 0{,}3\,\sigma$	0,3821	1.980
μ	0,5	2.000
$\mu + 0{,}3\,\sigma$	0,6179	2.020
$\mu + 0{,}6\,\sigma$	0,7257	2.040
$\mu + 0{,}9\,\sigma$	0,8159	2.060
$\mu + 1{,}2\,\sigma$	0,8849	2.080
$\mu + 1{,}5\,\sigma$	0,9332	2.100
$\mu + 1{,}8\,\sigma$	0,9641	2.120
$\mu + 2{,}1\,\sigma$	0,9821	2.140
$\mu + 2{,}4\,\sigma$	0,9918	2.160
$\mu + 2{,}7\,\sigma$	0,9965	2.180
$\mu + 3{,}0\,\sigma$ $(=y'')$	0,9987	2.200

Tab. 5-1:   Grenzpunkte und Wahrscheinlichkeiten der Verteilungsfunktion der Normalverteilung.

entsteht ein für den Bereich $y' \leq y \leq y''$ allgemeingültiges Risikoprofil (Abbildung 5-4) mit "Überziehungswahrscheinlichkeiten" (HACKSTEIN 1986, S. 0-73), d. h. mit Wahrscheinlichkeiten für das Überschreiten von y bzw. von den durch 20-fache Teilung entstandenen Grenzwerten. Die Wahrscheinlichkeit, daß beispielsweise ein Betrag im Bereich $\mu + 1{,}2\sigma$ überschritten wird, wäre nur 12 % (genauer: 11,51 %).

Der Anwender erhält das Risikoprofil seiner Investition dann dadurch, daß er nacheinander berechnet:

- den Erwartungswert $E(K_{Ges})$ und die Varianz $Var(K_{Ges})$ nach Gleichung (5.13) bzw. (5.14),

- die Werte $y'_{K_{Ges}}$ und $y''_{K_{Ges}}$ nach Gleichung (5.17) bzw. (5.18) und

- die Grenzwerte zwischen diesen beiden Werten im Abstand von

$$(5.22) \qquad \Delta y = \frac{y'' - y'}{20}$$

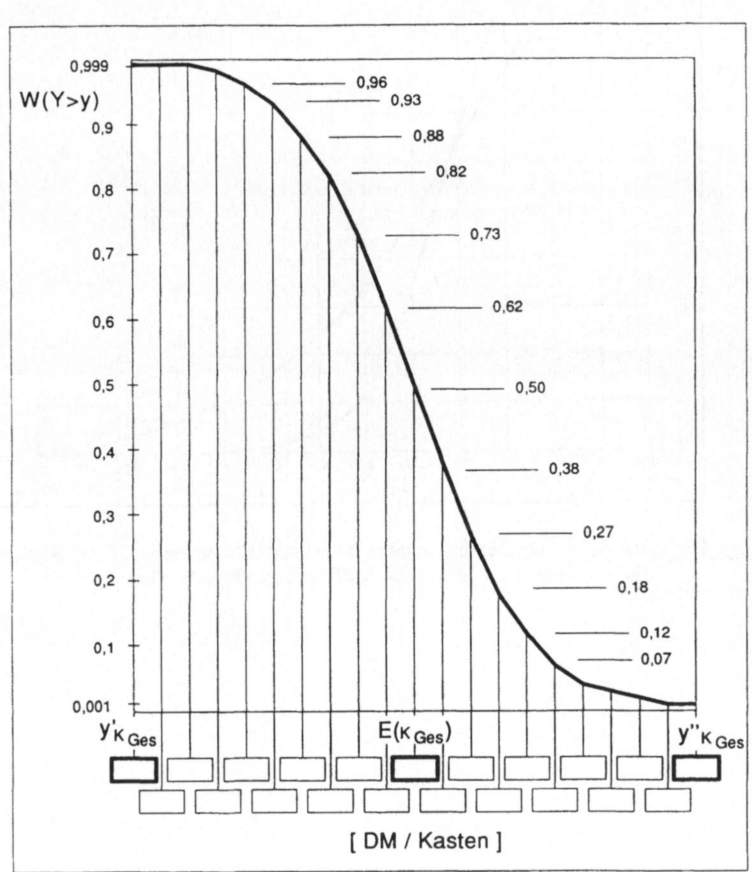

Abb. 5-4: Risikoprofil mit normierten Abschnitten und Wahrscheinlichkeiten im Bereich y' bis y'' als Formblatt zur individuellen Risikoermittlung.

Die insgesamt 21 Beträge werden in das als Formblatt vorgegebene Risikoprofil entsprechend Abbildung 5-4 eingesetzt. Damit liegt das Ergebnis der Risikoanalyse vor und bildet die Grundlage für die individuelle Bewertung des Risikos der Investition (nächster Schritt der Vorgehensweise gemäß Kapitel 4). Sollen 2 Risikoprofile direkt miteinander verglichen werden, läßt sich auf Basis der jeweils 21 Koordinaten (Betrag/ Wahrscheinlichkeit) eine Darstellung analog Abbildung 5-5 erzielen.

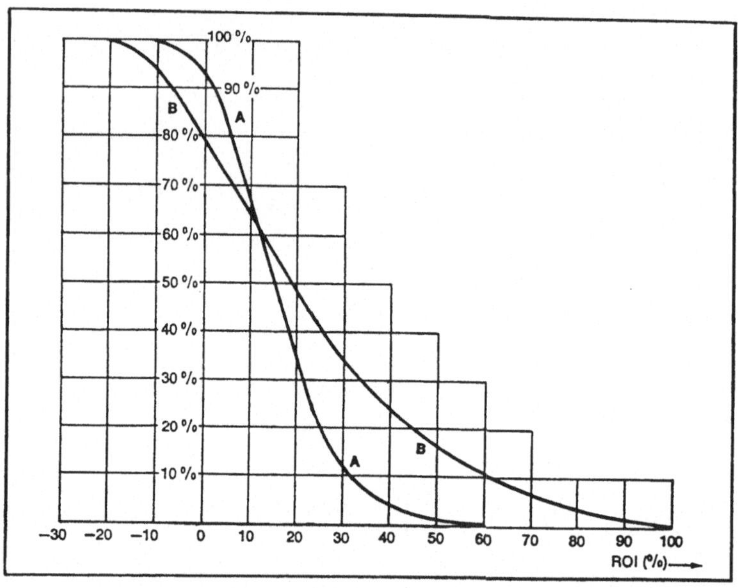

Abb. 5-5: Vergleich der Rendite zweier Investitionsalternativen mit der Risikoanalyse (in Anlehnung an MÜLLER-MERBACH 1971, S. 179).

6. Einbeziehung Formanlagen-spezifischer Kenntnisse aus der Betriebspraxis zur Bestimmung erfahrungsabhängiger Eingangsgrößen

In den Kapiteln 4 und 5 wurde eine Vorgehensweise mit einem speziellen Verfahren zur Investitionsrechnung dargestellt, die es den Gießereien erlaubt, die Unsicherheiten mittels Wahrscheinlichkeiten in die Investitionsrechnung und -entscheidung miteinzubeziehen. Für viele der Eingangsgrößen zur Investitionsrechnung können hierbei die Wahrscheinlichkeiten nach intensiver sachlicher Auseinandersetzung mit den Risikoquellen in der Regel durch die jeweils Verantwortlichen selbst aufgestellt werden.

Die Untersuchung der Eingangsgrößen in Kapitel 4.1.1 ergab, daß eine Bestimmung der Kosteneinsparungen beim Putzaufwand und beim Ausschuß sowie der Instandhaltungskosten jedoch von den mit dem Rüttel-Preß-Formverfahren arbeitenden und bisher gering mechanisierten Gießereien kaum selbst vorgenommen werden kann. Hierzu ist Erfahrung notwendig, die erst nach längerer Betriebspraxis mit automatischen Formanlagen gewonnen werden kann. Zur Bestimmung dieser Kosteneinsparungen und der Instandhaltungskosten werden daher im folgenden Erkenntnisse aus der betrieblichen Praxis herangezogen.

6.1 Kosteneinsparungen beim Putzaufwand und beim Ausschuß

Die Kosteneinsparungen beim Putzaufwand und beim Ausschuß werden dadurch erzielt, daß mit der Automatisierungstechnik und den neuen Formverfahren der automatischen Formanlagen im Vergleich mit den Rüttel-Preß-Einzelformmaschinen genauere Sandformen gleichmäßiger und reproduzierbarer erzeugt werden können. DIETRICH und ELIAS (1986, S. 15 f.) demonstrieren über die Putzkosten die Bedeutung dieser Einsparungen für die Investitionsrechnung.

Um verallgemeinerungsfähige Wahrscheinlichkeiten auf Basis von Erkenntnissen aus der betrieblichen Praxis zu gewinnen, wäre grundsätzlich eine Erhebung von Daten auf der Ebene der einzelnen Gußstücke in Gießereien mit automatischen Formanlagen möglich. Dieser Ansatz scheidet aber aufgrund des dafür erforderlichen hohen Aufwands aus. Statt dessen wurde, als für die vorliegende Arbeit

sinnvolle Maßnahme, eine Expertenbefragung in Gießereien mit fundierten praktischen Erfahrungen im Einsatz von automatischen Formanlagen durchgeführt.

6.1.1 Vorgehensweise zur Expertenbefragung

Für die Befragung wurden insgesamt 30 Experten aus Eisengießereien mit gemisch-
tem Produktionsprogramm ausgewählt. Alle Befragten entstammen aus den der
automatischen Formanlage unmittelbar zugeordneten Verantwortungsbereichen (z. B.
Leiter der Formerei) und verfügen über eine langjährige Formanlagen-Erfahrung.

Die Experten wurden nach der durchschnittlichen prozentualen Verringerung beim
Putzaufwand befragt. Auf eine Differenzierung nach dem jeweiligen Formverfahren
(Luftimpuls, Vacupress etc.) konnte verzichtet werden, da die Verringerung beim
Putzaufwand in den Gießereien durchweg als gleichwertig beurteilt werden kann.
Alle neuen Formverfahren von automatischen Formanlagen verbessern gleichmäßig
die Qualitätsmerkmale einer Sandform (Formhärte etc.).

Hinsichtlich des Ausschusses wurde erhoben, mit welchem Ausschußanteil in einem
gewissen Schwankungsbereich zu rechnen ist. Die Untersuchungen hatten gezeigt,
daß aufgrund einer hohen Ähnlichkeit beim Ablauf der Anlage und bei der
Mechanik bzw. Automatisierungstechnik zur Formherstellung sowie durch die
weitgehend gleichen Anforderungen z. B. an die Modelle ein über alle Gießereien
mit automatischen Formanlagen durchweg gleichmäßiges Ausschußniveau vorlag.
Andererseits waren bei den zu ersetzenden Einzelformmaschinen aufgrund der
zahlreichen und in der Regel unkontrollierbaren Beeinflussungsmöglichkeiten sehr
unterschiedliche Ausschußanteile festzustellen. Wegen dieser unterschiedlichen
Ausgangspunkte wäre eine Erfassung der prozentualen Verringerung nach Einsatz
einer automatischen Formanlage nicht zutreffend gewesen. Der jeweilige Verringe-
rungsprozentsatz für eine Gießerei ergibt sich deshalb als Differenz zwischen dem
bisherigen individuellen Ausschußprozentsatz auf den Einzelformmaschinen und
dem nach Erfahrung der Experten zu erwartenden Ausschuß beim Einsatz einer
automatischen Formanlage.

Die monetäre Bewertung der Verringerung beim Putzaufwand und beim Ausschuß
ist betriebsspezifisch vorzunehmen und kann so den eigenen Belangen Rechnung

tragen. Dies ist notwendig, weil es in den Gießereien unterschiedliche Bewertungen des Ausschusses gibt.

Da natürlich auch eine Bestimmung der Verringerung sowohl beim Putzaufwand als auch beim Ausschuß mit Unsicherheiten behaftet sein wird, wurden - entsprechend den Ausführungen zur Wahrscheinlichkeitsschätzung bei der Risikoanalyse - die Experten zum jeweiligen Minimal- und Maximalwert befragt. Damit soll der Bereich erfaßt werden, in dem mit einer Wahrscheinlichkeit von 99,74 % der tatsächliche Wert liegen wird. Der Erwartungswert und die Varianz lassen sich entsprechend Gleichung (5.1) und (5.7) bestimmen.

Um der Forderung nach "Beurteilerreliabilität" (FRIELING 1974, S. 122) gerecht zu werden, sind die Angaben der Experten vorher daraufhin zu prüfen, inwieweit die Experten mit ihren gleichen Voraussetzungen auch zu übereinstimmenden Urteilen über den jeweiligen Sachverhalt gelangen. Hierzu muß jeweils ein Test auf Normalverteilung und auf Homogenität der Varianzen durchgeführt werden (vgl. SACHS 1984, S. 381).

Als Ergebnis der Expertenbefragung ergeben sich zur Bestimmung der Kosteneinsparungen durch Verringerung beim Putzaufwand und beim Ausschuß jeweils Werteverteilungen, die, mit den eigenen Kosten einer Gießerei bewertet, in die Risikoanalyse zur Investitionsrechnung eingesetzt werden können.

6.1.1.1 Prüfung auf Normalverteilung

Die Prüfung auf Normalverteilung erfolgt mit dem Zweck, festzustellen, ob die durch die Expertenbefragung erhaltenen Daten als Stichproben einer normalverteilten Grundgesamtheit angesehen werden können (Verteilungshypothese). Überprüft wird die Güte der Anpassung der theoretisch erwarteten Normalverteilung an die empirische, 'beobachtete' Stichprobenverteilung.

Als Verfahren für diesen Anpassungstest wird der Kolmogorov-Smirnov-Test (K-S-Test) ausgewählt. Der K-S-Test ist bei einem Stichprobenumfang von 30 Werten aufgrund seiner besseren Empfindlichkeit sinnvoller als der Chi-Quadrat-Test. Es stellte sich heraus, daß beim Chi-Quadrat-Test die zu bildende Anzahl Klassen L aufgrund der vorgeschriebenen Mindestanzahl an Werten q_l je Klasse mit $q_l > 5$ sehr gering ausfiel und der Freiheitsgrad gegen eins rückte.

Als Prüfgröße beim K-S-Test dient die maximale absolute Abweichung $\hat{D}$ mit (vgl. SACHS 1984, S. 256):

$$(6.1) \qquad \hat{D} = \frac{\max\ |F_B - F_E|}{N}$$

F_B bzw. F_E sind die beobachteten absoluten Summenhäufigkeiten des Stichprobenumfangs bzw. die erwarteten absoluten Summenhäufigkeiten einer entsprechenden Normalverteilung.

Zur Durchführung des Tests werden die unterschiedlichen Werte x_B der Stichprobe mit ihren absoluten Häufigkeiten h_B aufsteigend geordnet und als Kumulation die Summenhäufigkeit F_B ermittelt. Die Werte F_E der erwarteten Normalverteilung werden ermittelt, indem zunächst eine Transformation der Werte x_B nach z_E erfolgt mittels:

$$(6.2) \qquad z_E = \frac{x_B - \mu_B}{\sigma_B}$$

$$\text{mit:} \quad \mu_B \mathrel{\hat{=}} \text{Mittelwert der Stichprobe}$$

$$\sigma_B \mathrel{\hat{=}} \text{Standardabweichung der Stichprobe}$$

Für z_E können aus der Tabelle der (0,1)-verteilten Standardnormalverteilung Werte der Verteilungsfunktion entnommen werden, die mit dem Stichprobenumfang (im vorliegenden Fall mit $N = 30$) multipliziert den absoluten Häufigkeiten F_E entsprechen. Abbildung 6-1 demonstriert das prinzipielle Vorgehen mit Ermittlung der Prüfgröße aus der größten Abweichung an einem Beispiel mit $N = 7$.

Die Nullhypothese, daß die Verteilung der Stichprobe einer normalverteilten Grundgesamtheit entspricht, kann nicht abgelehnt werden, wenn gilt:

$$(6.3) \qquad \hat{D} < D_{Sig}$$

Schätz-werte x_B	Absolute Häufigkeiten		Normal-verteilung		Prüfgröße	
	h_B	F_B	z_E	F_E	$|F_B - F_E|$	$\hat{D}$
2,5	1	1	-1,72	0,30	0,70	
3,0	5	6	0	3,50	2,50	0,357
3,5	1	7	+1,72	6,70	0,30	

Beispiel: $\mu = 3,0$ $\sigma = 0,29$ N = 7

<u>Abb. 6-1</u>: Prüfung auf Normalverteilung nach dem Kolmogorov-Smirnov-Testverfahren.

Für den vorliegenden Stichprobenumfang gilt bei einer Irrtumswahrscheinlichkeit von $\alpha = 0,05$ der Signifikanzwert (vgl. LILLIEFORS 1967, S. 399):

$$D_{Sig} = 0,206$$

6.1.1.2 Homogenität der Varianzen

Die Homogenität der Varianzen ist die zweite Voraussetzung zur Untersuchung der Beurteilerreliabilität. Prüfgröße nach COCHRAN (vgl. SACHS 1984, S. 383 f.) ist:

$$(6.4) \qquad G_{max} = \frac{\sigma^2_{max}}{\sigma_1^2 + \sigma_2^2 + ... + \sigma_M^2}$$

mit σ^2_{max} als größtem Wert der pro Beurteilungsobjekt gebildeten Varianzen bzw. quadrierten Standardabweichungen σ_m^2 mit $m = 1 ... M$ (M = Anzahl der Beurteilungsobjekte). Bei der Schätzung der mindestens und maximal erreichbaren Einsparungen beträgt M = 2.

Die Beurteilung von G_{max} erfolgt mittels einer Signifikanzschranke G_{Sig}, die abhängig ist von M, α und dem Freiheitsgrad v_1 mit:

(6.5) $v_1 = N - 1$ ($N \cong$ Anzahl Beurteiler)

und entsprechenden Tabellen ggf. mit Interpolation bei Zwischenwerten entnommen werden kann (z. B. bei SACHS 1984, S. 383). Im vorliegenden Fall erhält man mit $M = 2$, $\alpha = 0{,}05$ und $v_1 = 29$ den Wert

$$G_{Sig} = 0{,}686$$

Ist G_{max} größer als der Wert G_{Sig}, muß die Nullhypothese auf Homogenität der Varianzen abgelehnt werden, d. h. es kann keine Homogenität der Varianzen als Voraussetzung zum Nachweis der Beurteilerreliabilität nachgewiesen werden.

6.1.1.3   Nachweis der Beurteilerreliabilität

Zur Prüfung der Beurteilerreliabilität wird ein auf der Varianzanalyse basierendes Verfahren eingesetzt, das sich bereits bei vergleichbaren Fragestellungen zur Beurteilerreliabilität bewährt hat (vgl. BRIEF 1984, S. 86 ff.).

Ausgangspunkt ist der Beurteilerreliabilitätskoeffizient r_N als

$$(6.6) \qquad r_N = 1 - \frac{M_F}{M_O}$$

mit M_F als dem mittleren Quadrat der Fehler und M_O als dem mittleren Quadrat der Abweichungen zwischen den Beurteilungsobjekten. M_F und M_O lassen sich gemäß Abbildung 6-2 berechnen.

Das Verhältnis dieser mittleren Quadrate untereinander kann unter der Bedingung der Normalverteilung und der Homogenität der Varianzen wie folgt getestet werden (vgl. HILDEBRANDT 1981, S. 34):

$$(6.7) \qquad \frac{M_O}{M_F} = F_N > F_{Sig}$$

Beurteiler / Objekte	1	2	....	n	....	N	$O_m = \sum_{n=1}^{N} x_{mn}$
1	x_{11}	x_{12}	....	x_{1n}	....	x_{1N}	O_1
m				x_{mn}			O_m
M	x_{M1}		....			x_{MN}	O_M
$B_n = \sum_{m=1}^{M} x_{mn}$	B_1	B_2	....	B_n	....	B_N	$T = \sum_{n=1}^{N} B_n = \sum_{m=1}^{M} O_m$

Ursachen der Variation	Summe der Abweichungsquadrate	Anzahl der Freiheitsgrade	Mittleres Quadrat
Zwischen den Objekten	$S_O = \dfrac{\sum O_m^2}{N} - \dfrac{T^2}{N \cdot M}$	$M - 1$	$M_O = \dfrac{S_O}{M - 1}$
Zwischen den Beurteilern	$S_B = \dfrac{\sum B_n^2}{M} - \dfrac{T^2}{N \cdot M}$	$N - 1$	
Fehler	$S_F = S_G - S_O - S_B$	$(M - 1) \cdot (N - 1)$	$M_F = \dfrac{S_F}{(M - 1) \cdot (N - 1)}$
Gesamt- variation	$S_G = \sum_m \sum_n x_{mn}^2 - \dfrac{T^2}{N \cdot M}$	$N \cdot (M - 1)$	

__Abb. 6-2:__ Ermittlung der mittleren Quadrate M_F und M_O zum Nachweis der Beurteilerreliabilität (vgl. BRIEF 1984, S. 88 f.).

Die Signifikanzschranke F_{Sig} ergibt sich in Abhängigkeit von α und den Freiheitsgraden v_2 und v_3 mit:

(6.8) $v_2 = M - 1$

(6.9) $v_3 = (N - 1) \cdot (M - 1)$

und kann ähnlich der Signifikanzschranke G_{Sig} Tabellen entnommen werden (z. B. SACHS 1984, S. 117). Mit $\alpha = 0,05$, $v_2 = 1$ und $v_3 = 29$ wurde ein F_{Sig} bestimmt mit $F_{Sig} = 4,18$. Für den Fall $F_N > F_{Sig}$ ist die notwendige Beurteilerreliabilität gegeben.

6.1.2 Verringerung beim Putzaufwand

Die durch Befragung der Experten ermittelten Angaben zur mindest- und maximalerreichbaren Verringerung beim Putzaufwand durch Einsatz einer automatischen Formanlage als Ersatz für Rüttel-Preß-Einzelformmaschinen werden zunächst entsprechend den Kapiteln 6.1.1.1-3 geprüft.

6.1.2.1 Prüfung auf Normalverteilung

Die analog Abbildung 6-1 ablaufende Prüfung erfolgt für jede der beiden Schätzreihen. Die jeweils ermittelten Prüfgrößen zeigen, daß mit

$$\hat{D}_{P,min} = 0,192 \qquad \text{(minimale Verringerung)}$$
$$\hat{D}_{P,max} = 0,165 \qquad \text{(maximale Verringerung)}$$

die Signifikanzschranke $D_{Sig} = 0,206$ nicht erreicht wird. Die Nullhypothese kann damit nicht verworfen werden, so daß ein Vorliegen der Normalverteilung angenommen werden kann.

6.1.2.2 Homogenität der Varianzen

Entsprechend Gleichung (6.4) wurden alle Schätzwerte zusammen geprüft mit:

$$\sigma^2_{P,min} = 4,60$$
$$\sigma^2_{P,max} = 7,91 \; (\widehat{=} \; \sigma^2_{max} \text{ in Gleichung (6.4)}).$$

Ermittelt wurde der Prüfwert

$$G_P = 0,63$$

der unter der Signifikanzschranke G_{Sig} = 0,686 bleibt. Die Homogenität der Varianzen ist damit bewiesen.

6.1.2.3   Nachweis der Beurteilerreliabilität

Zur Berechnung gemäß Kapitel 6.1.1.3 wird Gleichung (6.7) umgeformt zu:

$$(6.10) \qquad F_N = \frac{M_O}{M_F} = (N - 1) \cdot \frac{S_O}{S_G - S_O - S_B}$$

Mit N = 30 und M = 2 ergibt sich über die Zwischenwerte mit S_O = 1601,7, S_B = 339,6 und S_G = 1964,6 als Wert

$$F_{N,P} = 1993,5$$

Dieser Wert liegt über F_{Sig} = 4,18. Die Beurteilerreliabilität ist damit nachgewiesen.

6.1.2.4   Festlegung der Bestimmungsgrößen

Bei der Befragung der Experten sollte mit einer Schätzung der minimalen und der maximalen Verringerung beim Putzaufwand der Bereich ermittelt werden, in dem der zu erwartende Wert zu 99,74 % liegen wird. Nach den die Kompetenz der Experten demonstrierenden Tests werden als die Grenzen des Schwankungsbereichs die arithmetischen Mittelwerte der jeweiligen Schätzungen übernommen mit:

$$V^*_{P,min} = 11,9 \ [\%]$$
$$V^*_{P,max} = 22,3 \ [\%]$$

Mit diesen Prozentangaben ist in den einzelnen Gießereien ein konkreter Kapazitätsaufwand (normal als Putzaufwand in Stunden) verbunden, der unnötig wird. Mit einem entsprechenden Faktor K_P aus der Kostenrechnung bewertet (Kosteneinsparungen je Prozent des wegfallenden Putzaufwands) ergibt sich die monetäre Einsparung beim Putzaufwand mittels:

(6.11) $V_{P,min} = V^*_{P,min} \cdot K_P$
(6.12) $V_{P,max} = V^*_{P,max} \cdot K_P$

Die Eingangsgrößen zur Risikoanalyse werden gemäß den Gleichungen (5.1) und (5.7) ermittelt zu:

$$(6.13) \qquad E(V_P) = \frac{V_{P,min} + V_{P,max}}{2}$$

$$(6.14) \qquad Var(V_P) = \frac{(V_{P,max} - V_{P,min})^2}{36}$$

Bei Berechnung mit K_P in TDM je Prozent Putzaufwandsverringerung ergeben sich als Formeln für die Anwendung in Gießereien zur Ermittlung der Einsparungen beim Putzaufwand (in TDM):

(6.15) $E(V_P) = 17,1[\%] \cdot K_P$
und
(6.16) $Var(V_P) = 3\ [\%^2] \cdot K_P^{\ 2}$

6.1.3 Verringerung beim Ausschuß

Die Prüfung der Angaben der Experten zum Ausschußprozentsatz beim Einsatz einer automatischen Formanlage erfolgt in gleicher Weise wie zuvor beschrieben.

6.1.3.1 Prüfung auf Normalverteilung

Als Prüfgröße ergeben sich:

$\hat{D}_{A,min} = 0,183$ (minimaler Ausschuß)
$\hat{D}_{A,max} = 0,175$ (maximaler Ausschuß)

Da die Signifikanzschranke $D_{Sig} = 0,206$ nicht erreicht wird, gilt die Nullhypothese, so daß ein Vorliegen der Normalverteilung angenommen werden kann.

6.1.3.2 Homogenität der Varianzen

Die Prüfung auf Homogenität der Varianzen ergibt mit:

$$\sigma^2_{A,min} = 0,27 \qquad (\hat{=} \; \sigma^2_{max} \text{ in Gleichung (6.4)})$$
$$\sigma^2_{A,max} = 0,23$$

den Prüfwert

$$G_A = 0,54 < G_{Sig} = 0,686$$

so daß nachweisbar eine Homogenität der Varianzen vorliegt.

6.1.3.3 Nachweis der Beurteilerreliabilität

Da Normalverteilung und Homogenität der Varianzen als Voraussetzungen gegeben sind, kann die Beurteilerreliabilität geprüft werden. Bei gleichen Parametern N und M wie in Kapitel 6.1.2.3 ergeben sich als Zwischenwerte $S_O = 75,9$, $S_B = 13,5$ und $S_G = 90,4$ und als Prüfwert

$$F_{N,A} = 2201,1$$

Damit liegt der Prüfwert weit über der Signifikanzschranke $F_{Sig} = 4,18$. Die Prüfbedingung ist erfüllt und die Homogenität der Varianzen nachgewiesen.

6.1.3.4 Festlegung der Bestimmungsgrößen

Als zulässige Ergebnisse der Expertenbefragung ergeben sich aus den Mittelwerten der Schätzungen die minimalen und maximalen Ausschußprozentsätze beim Einsatz einer automatischen Formanlage mit:

$$V^*_{A,min} = 2,3 \; [\%]$$
$$V^*_{A,max} = 4,6 \; [\%]$$

70

Die individuellen Einsparungen ergeben sich aus dem Abstand zum bisherigen Ausschußprozentsatz A_{Ist} vor Einsatz der automatischen Formanlage (Abbildung 6-3) und dessen Bewertung:

$$(6.17) \qquad V_{A,min} = (A_{Ist} - V^{*}_{A,max}) \cdot K_A$$

$$(6.18) \qquad V_{A,max} = (A_{Ist} - V^{*}_{A,min}) \cdot K_A$$

K_A entspricht dem die Verringerung monetär bewertenden Faktor aus der Kostenrechnung.

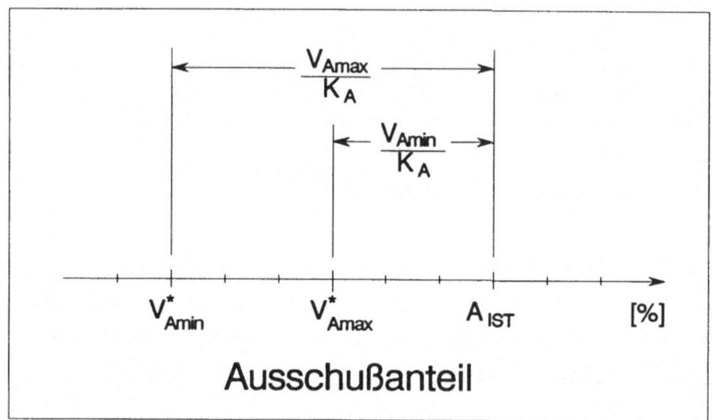

Abb. 6-3: Umrechnung des minimalen und maximalen Ausschußprozentsatzes V_A^{*} zum minimalen bzw. maximalen Einsparungsprozentsatz.

Analog den Ausführungen zur Verringerung beim Putzaufwand ergeben sich als Eingangsgrößen zur Risikoanalyse je nach dem bisherigen Ausschußprozentsatz A_{Ist} die Werte wie folgt:

$$(6.19) \qquad E(V_A) \quad = \quad \frac{V_{A,min} + V_{A,max}}{2}$$

$$= \left(A_{Ist} - \frac{V^{*}_{A,min} + V^{*}_{A,max}}{2} \right) \cdot K_A$$

und

$$(6.20) \quad Var(V_A) = \frac{(V_{A,max} - V_{A,min})^2}{36}$$

$$= \frac{(V^*_{A,max} - V^*_{A,min})^2}{36} \cdot K_A^2$$

Bei Berechnung mit K_A in TDM je Prozent Ausschußverringerung gelten folgende Formeln für die Anwender zur Ermittlung der Einsparungen beim Ausschuß (in TDM):

$$(6.21) \quad E(V_A) = (A_{Ist} - 3,45 \ [\%]) \cdot K_A$$

und

$$(6.22) \quad Var(V_A) = 0,15 \ [\%^2] \cdot K_A^2$$

6.2 Ermittlung der Instandhaltungskosten

Entsprechend der Zielsetzung, Formanlagen-spezifische Kenntnisse zur planerischen Ermittlung von Instandhaltungskosten zu nutzen, bietet sich eine auf statistische Verfahren (Regression) beruhende Analyse entsprechender Daten aus Gießereien an. Es ist zu prüfen, inwieweit so verallgemeinerungsfähige Aussagen mit Wahrscheinlichkeiten abgeleitet werden können.

6.2.1 Instandhaltung von automatischen Formanlagen in der Praxis

Die Untersuchungen des Einsatzes automatischer Formanlagen lassen schwerpunktmäßig zwei unterschiedliche Instandhaltungsstrategien erkennen:
In kleineren Gießereien mit bis zu 60 Beschäftigten ist überwiegend eine Instandhaltungsstrategie festzustellen, bei der lediglich auf Ausfälle reagiert wird ("ausfallbedingte Strategie"; BREER/WEINGÄRTNER 1987, S. 7). Es erfolgen keine Aufschreibungen und organisatorische Regeln bestehen nicht. Eine fundierte Ausbildung des Instandhaltungspersonals, die den spezifischen Anforderungen einer automatischen Formanlage gerecht wird, unterbleibt oftmals. Diese Strategie kann nicht als Basis für die Ermittlung von Instandhaltungskosten herangezogen werden.

In Gießereien mit einer größeren Anzahl von Beschäftigten ist in der Regel eine "zustandsabhängige Instandhaltung" (BREER/WEINGÄRTNER 1987, S. 11) vorzufinden. Pflege und Wartung erfolgen regelmäßig und Teile werden instandgesetzt, wenn die Abnutzung ein bestimmtes Maß überschritten hat. Es erfolgt eine direkte Anlagenüberwachung normalerweise durch zwei speziell geschulte Facharbeiter (Elektriker und Schlosser), die im Prinzip permanent zur Verfügung stehen. Darüber hinaus erfolgen auch am Wochenende regelmäßig Instandhaltungsarbeiten. In über 80 % dieser Gießereien wurde außerdem jährlich in den Betriebsferien eine Generalinspektion bzw. -instandsetzung vorgenommen. Zusammenfassend ist in diesen Gießereien eine weitgehend gleiche Instandhaltungsstrategie festzustellen. Die Instandhaltungskosten pro Jahr in diesen Gießereien liegen in der Regel zwischen 300 TDM und 600 TDM.

Aufgrund der hohen Ähnlichkeit, sowohl hinsichtlich der Konstruktion und Einsatzbedingungen automatischer Formanlagen als auch bezüglich der Instandhaltungsstrategie, liegen damit gute Voraussetzungen für das Aufstellen einer Regressionsgleichung für die Instandhaltungskosten bei zustandsabhängiger Instandhaltungsstrategie vor.

6.2.2 Regressionsgleichung zur Bestimmung des Erwartungswertes der Instandhaltungskosten

Vom Verfasser wurde bereits an anderer Stelle (BENTLER 1988, S. 145 ff.) mittels Regressionsanalyse eine Bestimmungsgleichung aufgestellt. Diese Gleichung wird für die vorliegende Arbeit übernommen und bildet die Grundlage für eine zusätzliche Bearbeitung mit dem Ziel der Bildung von Wahrscheinlichkeiten. Die Bestimmungsgleichung basiert auf Daten von 12 automatischen Formanlagen und gilt entsprechend der technischen Spezifikationen dieser Formanlagen für Ausführungen mit:

- kastengebundener, horizontal geteilter Form,
- einer Formstation,
- nicht-automatischem Kerneinlegen,
- manueller Vergießeinrichtung,
- maximaler Formfläche von 0,9 m^2.

Diese Ausführung wird von den meisten Gießereien gewählt, die ihre Rüttel-Preß-Einzelformmaschinen durch automatische Formanlagen ersetzen.

Es wurden ferner nur Daten in solchen Gießereien erhoben, die systematische Kostenrechnungsvorschriften für die Instandhaltung auswiesen und deren Angaben, soweit nachprüfbar, als zuverlässig angesehen werden konnten. Erfaßt wurden alle Aufwendungen von der täglichen Reinigung und Wartung bis hin zu den Kosten für die jährliche Generalinspektion mit Instandsetzungsarbeiten und entsprechendem Ersatzteilbedarf.

Die Bestimmungsgleichung weist einen Einfluß aus durch:
- das Formkastenvolumen[22]
- die Anzahl Formen im Jahr,
- die Anzahl umlaufender Kästen[22],
- die belegte Bodenfläche[22],
- die Formfläche[22],
- die Formleistung[22].

Der Term (FV · FJ) beinhaltet das gesamte Formvolumen, das pro Jahr mit der Formanlage produziert werden soll, und stellt damit quasi die Abnutzungsvorgabe dar. Der Wert für (Ku/Bo) kennzeichnet die Kompaktheit der Anlage.

Das Bestimmtheitsmaß, das den Anteil der "erklärten" Varianz durch die Regressionsfunktion an der Gesamtvarianz angibt (vgl. FÖRSTER/RÖNZ 1979, S. 110) und somit ein Maß für die Güte einer Regression ist, liegt für die Gleichung bei 0,945. Im allgemeinen sind Bestimmtheitsmaße mit Werten unter 0,75 von zweifelhaftem Wert (vgl. STANGE 1971, S. 216).

Zur Prüfung des Bestimmtheitsmaßes B wird eine Prüfgröße F verwendet, die wie folgt berechnet wird (vgl. HACKSTEIN 1986, S. 0-89):

---

[22] Mit technischer Ausführung festgelegter Wert, der nicht mehr geändert werden kann oder nur selten verändert wird.

$$(6.23) \quad F = \frac{B(e - d - 1)}{e(1 - B)}$$

mit: d $\hat{=}$ Anzahl Datensätze zur Regressionsgleichung

e $\hat{=}$ Anzahl Einflußgrößen

Bestimmungsgleichung für die Instandhaltungskosten		
Vorgaben	Einzelglieder	Werte
FV $\hat{=}$ Formvolumen [m³]	$\left(\dfrac{FV \cdot FJ}{10}\right)^2 \cdot 3{,}07$	
FJ $\hat{=}$ Anzahl Formen im Jahr [TStk.]	$\left(\dfrac{Ku \cdot 1000}{Bo}\right) \cdot 2{,}29$	−
Ku $\hat{=}$ Anzahl umlaufender Kästen [Stk.]	$\left(\dfrac{FF}{1000}\right) \cdot 0{,}95$	+
Bo $\hat{=}$ Belegte Bodenfläche [m²]	FL $\cdot$ 1,51	+
FF $\hat{=}$ Formfläche des Kastens [mm²]	Absolutes Glied	+ 54,8
FL $\hat{=}$ Formleistung je Stunde [Stk./h]	Instandhaltungskosten [TDM / Jahr]	

Abb. 6-4: Bestimmungsgleichung für Instandhaltungskosten (vgl. BENTLER 1988, S. 149).

Diese Größe ist F-verteilt mit $r_1 = e$ und $r_2 = d - e - 1$ Freiheitsgraden und muß, damit die Aussage des Bestimmtheitsmaßes abgesichert ist, größer als ein Wert F_{Sig} sein. F_{Sig} wird entsprechenden Tabellen entnommen (z. B. HACKSTEIN 1986, S. 0-97). Mit d = 25, e = 4 und α = 0,05 ergibt sich für den vorliegenden Fall:

$$F = 85{,}91 > F_{Sig} = 2{,}87$$

Das Bestimmtheitsmaß ist damit statistisch abgesichert.

Mit der Bestimmungsgleichung können zulässig genau auf Basis der Konstruktion bzw. des Layouts einer automatischen Formanlage und ihres geplanten Einsatzes die voraussichtlichen Instandhaltungskosten bestimmt werden. Durch Einsetzen der Werte erhält der Anwender den entsprechenden Erwartungswert für die Durchführung der Risikoanalyse.

Interessant an der Bestimmungsgleichung ist, daß die Instandhaltungskosten nicht unmittelbar vom Betriebsjahr abhängig sind (es lagen Daten über unterschiedliche Betriebsjahre vor). Dies läßt sich dadurch erklären, daß

- in den Anfangsjahren des Formanlagenbetriebs Kosten besonders dadurch entstehen, daß aufgrund der völligen Neuartigkeit der Anlage und der hohen Bedeutung der Erfahrung des Instandhaltungspersonals ein überproportionaler Anteil an Personalaufwand entsteht;

- im Laufe der Betriebsjahre die Effizienz der Instandhaltung gesteigert wird, aber die Ersatzteilkosten zunehmen;

- die untersuchten Formanlagen alle regelmäßig einmal im Jahr durchgeprüft und ggf. überholt werden und dadurch in der Regel das Auftreten einer plötzlichen Großreparatur vermieden wird.

6.2.3   Ermittlung der Varianz der Instandhaltungskosten

Zusätzlich zum Erwartungswert wird für die Risikoanalyse die Varianz benötigt, da auch die ermittelten Instandhaltungskosten nicht als absolut sicher angesehen werden können. Nach HALLER-WEDEL (1973, S. 152) gelten für Regressionsgleichungen mit $y = a + b_1 x_1 + \ldots + b_e x_e$ die Varianz:

$$
\begin{aligned}
(6.24) \quad \mathrm{Var}(y) = {} & \frac{S_R^2}{d} + \mathrm{Var}(b_1)(x_1-\bar{x}_1)^2 + \ldots + \mathrm{Var}(b_e)(x_e-\bar{x}_e)^2 \\
& + 2\,\mathrm{Kov}(b_1,\,b_2)(x_1-\bar{x}_1)(x_2-\bar{x}_2) + \ldots + \\
& + 2\,\mathrm{Kov}(b_1,\,b_e)(x_1-\bar{x}_1)(x_e-\bar{x}_e) + \ldots + \\
& + 2\,\mathrm{Kov}(b_2,\,b_3)(x_2-\bar{x}_2)(x_3-\bar{x}_3) + \ldots + \\
& + 2\,\mathrm{Kov}(b_2,\,b_e)(x_2-\bar{x}_2)(x_e-\bar{x}_e) + \ldots + \\
& + 2\,\mathrm{Kov}(b_{e-1},\,b_e)(x_{e-1}-\bar{x}_{e-1})(x_e-\bar{x}_e)
\end{aligned}
$$

Diese Gleichung mit S_R^2 als Restvarianz läßt sich zusammenfassen zu der Formel:

$$(6.25) \qquad \text{Var}(y) = \frac{S_R^2}{d} + \sum_i \sum_j S^2_{b_i b_j} (x_i - \bar{x}_i)(x_j - \bar{x}_j)$$

$$\text{mit:} \quad i, j = 1, ..., e$$
$$S^2_{b_i b_j} = \text{Var}(b_i) \quad \text{für } i = j$$
$$S^2_{b_i b_j} = \text{Cov}(b_i, b_j) \quad \text{für } i \neq j$$
$$S^2_{b_i b_j} = S^2_{b_j b_i}$$

Die Restvarianz S_R^2 wird bereits im Rahmen der Regressionsanalyse durch die Differenzen zwischen den durch Einsetzen der erhobenen Daten in die Regressionsgleichung errechneten Instandhaltungskosten und den tatsächlichen Kosten bestimmt ($S_R^2 = 1375$). Mit d als der der Regression zugrunde liegenden Anzahl Datensätze dividiert (d = 25), bildet die Restvarianz in der gesuchten Bestimmungsgleichung eine Konstante.

Die Varianzen und Covarianzen der Regressionskoeffizienten $S^2_{b_i b_j}$ werden bereits bei der Regressionsanalyse ermittelt und können ebenfalls als Konstanten eingesetzt werden. Die Werte $\bar{x}_1$ bis $\bar{x}_4$ (e = 4) entsprechen den Mittelwerten der in den Gießereien je Einflußgröße erhobenen Daten und gehen in die Bestimmungsgleichung als vorgegebene Werte ein ($\bar{x}_1 = 20{,}2$; $\bar{x}_2 = 122{,}4$; $\bar{x}_3 = 508{,}9$; $\bar{x}_4 = 91{,}6$).

Die Werte x_1 bis x_4 sind durch den Anwender einzusetzen. Sie stellen die individuellen Ausprägungen der Einflußgrößen entsprechend Abbildung 6-4 dar:

$$x_1 = \left(\frac{\text{Formvolumen} \cdot \text{Anzahl Formen im Jahr}}{10} \right)^2$$

$$x_2 = \left(\frac{\text{Anzahl umlaufender Kästen}}{\text{Belegte Bodenfläche}} \right) \cdot 1000$$

$$x_3 = \frac{\text{Formfläche des Kastens}}{1.000}$$

$x_4 = $ Formleistung je Stunde

Die weitere Ausführung von Gleichung (6.25) mit Trennung in schon vorgegebene und noch vom Anwender einzusetzende Werte ergibt folgende prinzipielle Formel zur Berechnung der Varianz der Instandhaltungskosten K_{IK}:

$$
\begin{aligned}
(6.26) \quad \text{Var}(K_{IK}) = {} & K_1 + K_2 x_1^2 + K_3 x_2^2 + K_4 x_3^2 + K_5 x_4^2 + \\
& + 2\,K_6 x_1 x_2 + 2\,K_7 x_1 x_3 + 2\,K_8 x_1 x_4 + \\
& + 2\,K_9 x_2 x_3 + 2\,K_{10} x_2 x_4 + 2\,K_{11} x_3 x_4 - \\
& - 2\,K_{12} x_1 - 2\,K_{13} x_2 - 2\,K_{14} x_3 - \\
& - 2\,K_{15} x_4 + K_{16} + K_{17}
\end{aligned}
$$

mit:

$$K_1 = S_R^2/d \qquad\qquad K_9 = S^2_{b_2 b_3} = S^2_{b_3 b_2}$$

$$K_2 = S^2_{b_1 b_1} \qquad\qquad K_{10} = S^2_{b_2 b_4} = S^2_{b_4 b_2}$$

$$K_3 = S^2_{b_2 b_2} \qquad\qquad K_{11} = S^2_{b_3 b_4} = S^2_{b_4 b_3}$$

$$K_4 = S^2_{b_3 b_3} \qquad\qquad K_{12} = K_2 \bar{x}_1 + K_6 \bar{x}_2 + K_7 \bar{x}_3 + K_8 \bar{x}_4$$

$$K_5 = S^2_{b_4 b_4} \qquad\qquad K_{13} = K_6 \bar{x}_1 + K_3 \bar{x}_2 + K_9 \bar{x}_3 + K_{10} \bar{x}_4$$

$$K_6 = S^2_{b_1 b_2} = S^2_{b_2 b_1} \qquad K_{14} = K_7 \bar{x}_1 + K_9 \bar{x}_2 + K_4 \bar{x}_3 + K_{11} \bar{x}_4$$

$$K_7 = S^2_{b_1 b_3} = S^2_{b_3 b_1} \qquad K_{15} = K_8 \bar{x}_1 + K_{10} \bar{x}_2 + K_{11} \bar{x}_3 + K_5 \bar{x}_4$$

$$K_8 = S^2_{b_1 b_4} = S^2_{b_4 b_1} \qquad K_{16} = K_2 \bar{x}_1^2 + K_3 \bar{x}_2^2 + K_4 \bar{x}_3^2 + K_5 \bar{x}_4^2$$

$$
\begin{aligned}
K_{17} = {} & 2\,K_6 \bar{x}_1 \bar{x}_2 + 2\,K_7 \bar{x}_1 \bar{x}_3 + 2\,K_8 \bar{x}_1 \bar{x}_4 + \\
& + 2\,K_9 \bar{x}_2 \bar{x}_3 + 2\,K_{10} \bar{x}_2 \bar{x}_4 + 2\,K_{11} \bar{x}_3 \bar{x}_4
\end{aligned}
$$

Die Werte K_1 bis K_{17} ergeben sich zu:

$K_1 = 55$	$K_7 = 0{,}08$	$K_{13} = 69{,}5$
$K_2 = 0{,}25$	$K_8 = 0{,}08$	$K_{14} = 33{,}3$
$K_3 = 0{,}19$	$K_9 = 0{,}07$	$K_{15} = 32{,}5$
$K_4 = 0{,}04$	$K_{10} = 0{,}09$	$K_{16} = 13.728$
$K_5 = 0{,}05$	$K_{11} = 0{,}03$	$K_{17} = 16.070$
$K_6 = 0{,}12$	$K_{12} = 67{,}8$	

Die konkrete Rechenformel ergibt sich damit zu:

$$(6.27) \qquad \mathrm{Var}(K_{IK}) = 0{,}25x_1^2 + 0{,}19x_2^2 + 0{,}04x_3^2 + 0{,}05x_4^2 +$$
$$+ 0{,}24x_1x_2 + 0{,}16x_1x_3 + 0{,}16x_1x_4 + 0{,}14x_2x_3 +$$
$$+ 0{,}18x_2x_4 + 0{,}06x_3x_4 - 135{,}6x_1 - 139x_2 -$$
$$- 66{,}6x_3 - 65x_4 + 29853$$

Mit Einsetzen 'seiner' Werte x_1 bis x_4 erhält der Anwender die Varianz der Instandhaltungskosten, die er zur Durchführung der Risikoanalyse benötigt.

7.   Anwendung der Risikoanalyse

Mit dem Aufstellen von Bestimmungsgleichungen für die Einsparungen beim Putzaufwand und beim Ausschuß sowie für die Instandhaltungskosten sind die Voraussetzungen zur vollständigen Anwendung der Risikoanalyse und insgesamt für die Vorgehensweise zur risikogerechten Investitionsrechnung und -entscheidung entsprechend Kapitel 4 und Abbildung 4-1 gegeben.

Zunächst erfolgen Ausführungen zur Anwendung einer Risikoanalyse in der betrieblichen Praxis. Im zweiten Teil dieses Kapitels wird die Risikoanalyse an einem Beispiel aus einer Gießerei durchgeführt.

7.1   Überblick zur Anwendung in der betrieblichen Praxis

Die konkrete Anwendung erfolgt analog den dargestellten Schritten und begleitet den gesamten Planungs- und Entscheidungsprozeß. Es ist hierzu unerläßlich, den beteiligten Mitarbeitern und Verantwortlichen durch geeignete Maßnahmen frühzeitig den Inhalt der Vorgehensweise verständlich zu machen und das mit der Anwendung der Risikoanalyse verfolgte Ziel zu verdeutlichen.

Der 1. Schritt der Vorgehensweise ist vollständig und untrennbar integriert in die ingenieurmäßige Planung der Anlage. Die notwendige Erfüllung seines Ziels "Unsicherheiten erkennen" wirkt im Zusammenhang mit dem nachfolgenden 2. Schritt verstärkend auf die Intensität der Bemühungen und die Zuverlässigkeit der Planung.

Die so gewonnene Kompetenz der Planer wird bei dem für sich eigenständigen 2. Schritt genutzt. Dieser Schritt bezieht sich konkret auf die Investitionsrechnung mit ihren jeweiligen Größen je nach Entscheidungskriterium. Die Beteiligten müssen nachprüfbar eine quantitative Risikoabschätzung vornehmen und sind damit für die bestmögliche Schätzung verantwortlich. Die Abschätzung des Risikos erfolgt für die einzelnen Eingangsgrößen und wird methodisch ganz durch das Verfahren der Risikoanalyse geprägt.

Als Resultate ergeben sich entsprechend Kapitel 5.1 durch Schätzung der obersten und untersten Grenzen der Schwankungsbereiche nach Gleichung (5.1) die jeweiligen Erwartungswerte und nach Gleichung (5.7) die Varianzen.

Die Ermittlungen des Risikoprofils als 3. Schritt der Vorgehensweise bzw. als 2. Teil der Risikoanalyse erfolgt durch formale Verrechnung der Erwartungswerte und Varianzen entsprechend den Gleichungen (5.13) und (5.14). Dieses Risikoprofil der Investition ist Grundlage der Investitionsentscheidung als Ausdruck der Risikoeinstellung des Investors.

Wird die Investition realisiert, ist auf jeden Fall eine Investitionskontrolle als Nachrechnung mit den tatsächlichen Werten der Eingangsgrößen durchzuführen. Die Güte des Ergebnisses der Investitionsrechnung ergibt sich dann als Grad der Abweichung des Investitionsrechnungsergebnisses von dem Ergebnis der Nachrechnung mit den tatsächlichen Werten. Für die Risikoanalyse gilt analog als Kriterium die Lage des Ergebnisses der Nachrechnung zum Risikoprofil.

Zur Nachrechnung ist das Vorliegen aller tatsächlichen Kosten und Einsparungen notwendig, d. h., daß die Inbetriebnahme und die Anlaufphase abgewartet werden müssen. Zum Beispiel stehen die endgültigen Anschaffungs- und Montagekosten normalerweise erst ca. 6 Monate nach Anlauf der Anlage fest. Erst nach 6 - 9 Monaten sind die effektiven Personalkosten festzustellen. Ein ähnlicher Zeitraum gilt auch für die Stromkosten sowie den Preßluftverbrauch. Die effektiven Modellkosten sind sogar kaum vor dem Ende des ersten Betriebsjahres festzustellen.

Eine vollständige Nachrechnung ist damit erst nach dem ersten Betriebsjahr einer automatischen Formanlage möglich.

7.2 Durchführung der Risikoanalyse an einem Praxisbeispiel

Die eigenen Untersuchungen in den Gießereien (BENTLER 1988) zeigen, daß vom Zeitpunkt der Investitionsrechnung bis zum Vorliegen der tatsächlichen Werte der Rechnungsgrößen auch aufgrund der langen Lieferfristen von automatischen Formanlagen eine Zeitspanne von 2 Jahren und mehr entsteht. Es war daher nicht möglich, bei einer den Einsatz einer automatischen Formanlage planenden Gießerei zunächst die Investitionsrechnung mittels Risikoanalyse durchzuführen und dann Jahre später nach Vorliegen der tatsächlichen Werte eine Überprüfung der ursprünglichen Investitionsrechnung mit ihren Planwerten vorzunehmen.

Um dennoch die Risikoanalyse an einem Praxisbeispiel durchführen zu können, wird wie folgt vorgegangen: Für eine ausgewählte Gießerei mit automatischer Formanlage, deren Investitionsplanungs- und -entscheidungsprozesse gut reproduzierbar sind und für die die tatsächlichen Kosten und Einsparungen inzwischen vorliegen, wird a posteriori eine Investitionsrechnung mittels Risikoanalyse und sogenannter Irrtumsfaktoren als Erfahrungswerte über Planwertabweichungen (vgl. KERN 1974, S. 33) durchgeführt und mit den Ist-Werten sowie den zum Zeitpunkt der Investitionsplanung durch die Gießerei selbst aufgestellten Werten verglichen.

Die Kenntnis des Investitionsablaufs ist wichtig, da - um die Vergleichbarkeit sicher zu gewährleisten - Investitionsrechnungen mit nicht nachzuvollziehender Ermittlung und Festlegung der Werte der einzelnen Eingangsgrößen abzulehnen sind. Geeignet ist dagegen eine gut dokumentierte Investitionsrechnung mit einer anschließenden Sensitivitätsanalyse nach dem Aufstellen der einzelnen Werte. So ist gewährleistet, daß die Werte zunächst sachlich ermittelt wurden und als die damals am zutreffendsten erscheinenden Werte angesehen werden können.

Diese Werte werden daher für die a posteriori erfolgende Risikoanalyse als Orientierungswerte übernommen. Die konkreten Erwartungswerte und Varianzen werden durch die Hinzuziehung der Irrtumsfaktoren ermittelt. Die Irrtumsfaktoren wurden ebenfalls empirisch mit der Expertenbefragung ermittelt. Sie geben die spezifischen Abweichungen wieder, die sich nach der Erfahrung der Experten aufgrund der Unsicherheit der einzelnen Größen ergeben können bzw. mit denen zu rechnen ist.

Für die Bestimmung der Einsparungen durch Verringerung beim Putzaufwand und beim Ausschuß sowie der Instandhaltungskosten werden die in Kapitel 6 aufgestellten Formeln verwendet.

7.2.1   Gegenüberstellung von Investitionsrechnung und Ist-Werten

Ausgewählt wurde aus dem Untersuchungsfeld ein Unternehmen mit

- Eisenguß für Eigen- und Kundenbedarf,
- 85 Beschäftigten in der Gießerei,
- 900 aktiven Modellen,
- mittleren Serien mit ca. 3 Modellträgerwechseln am Tag (einschichtig),
- Investitionsrechnung mit Sensitivitätsanalyse zur Investitionsentscheidung.

In Tabelle 7-1 sind für die einzelnen Eingangsgrößen zur Investitionsrechnung die konkreten Werte aufgeführt, mit denen in der ausgewählten Gießerei gerechnet wurde. Für die Anschaffungskosten des kompletten Systems Formanlage wurden die Kosten aus dem Angebot des Lieferanten übernommen.

Modellkosten wurden nicht berücksichtigt, da die Investition prinzipiell mit einer Umstellung auf größere Modelle verknüpft wurde.

Ebenso erfolgte keine Quantifizierung der möglichen Ersparnisse durch eine Verringerung beim Putzaufwand und beim Ausschuß, da die Planer sich zu entsprechenden Schätzungen nicht in der Lage sahen. Für die Instandhaltungskosten wurde für die Investitionsrechnung ein Wert in Höhe von 6,5 % der Anschaffungskosten gewählt. Dieser Wert wurde vom Gießereileiter als reiner 'Spekulationswert' bezeichnet. Es zeigte sich dann, daß Personalkosten in Höhe von 35 TDM für Pflege und Wartung der Formanlage fälschlicherweise den normalen Personalkosten und nicht den Instandhaltungskosten zugeordnet worden waren. Zum korrekten Vergleich wurde daher eine entsprechende Umordnung vorgenommen (siehe Tabelle 7-1).

7.2.2   Ermittlung der Werte für die Risikoanalyse

Ausgehend von den in der Investitionsrechnung der Gießerei ausgewiesenen einwertigen Beträgen werden durch Aufrechnung der Irrtumsfaktoren für die einzelnen Größen Schwankungsbereiche mit unterer und oberer Grenze (x' und x'') ermittelt. Tabelle 7-2 stellt dieses Vorgehen einschließlich der durch die Gleichungen (5.1) und (5.7) gewonnenen Erwartungswerte und Varianzen dar. Diesen Zahlen werden die tatsächlichen Ist-Werte gegenübergestellt.

	Kosten-/Nutzen-Kriterium	Investitions-rechnung (TDM)
einmalig	Anschaffungskosten System Formanlage	3 . 648
	Planungskosten	nicht gerechnet
	eigene Montagekosten oder sonst. Leistungen	660
	Modellkosten	nicht gerechnet
laufend	Personalkosten	385 - 35
	Instandhaltungs-kosten	236 + 35
	Energiekosten	120
	Raumkosten	20
	Ausschuß-reduzierung	nicht gerechnet
	Putzkosten-ersparnis	nicht gerechnet

<u>Tab. 7-1</u>: Werte der Investitionsrechnung vor Installation der automatischen Formanlage.

Da die Untersuchungen in den Gießereien zeigte, daß kaum eine Gießerei ohne zusätzliche Kosten für die Planung ausgekommen war (z. B. Einsatz eines externen Beraters), wird der Empfehlung des Vereins der Deutschen Gießereifachleute entsprochen, als Planungskosten einen Betrag in Höhe von 1 bis 2 % der Anschaffungskosten der Formanlage anzunehmen (vgl. VDG 1979, S. 72).

Bei den Personalkosten ergab sich als Unsicherheit der ggf. notwendige Bedarf von maximal einem zusätzlichen Mitarbeiter und damit ein Schwankungsbereich von 50 TDM als entsprechende Personalkosten im Jahr.

	Kosten-/Nutzen-Kriterium	Wert Investitions-rechnung [TDM]	empirischer Irrtumsfaktor von ..... bis		Schwankungs-breite [TDM] x'	x''	Risikoanalyse [TDM] E	[TDM]^2 Var	IST-Werte [TDM]
einmalig	Anschaffungskosten System Formanlage	3.648	1.05	1.10	3.830	4.013	3.922	930	4.011
	Planungskosten	nicht gerechnet	1% der Anschaffungs-kosten	2%	--	--	59 [1]	42	40
	eigene Montage-kosten oder sonstige Leistungen	660	1,1	1,2	726	792	759	121	815
	Modellkosten	nicht gerechnet	1,1	1,25	--	--	--	--	--
	$\sum$	4308					4740	1093	4866

	Kosten-/Nutzen-Kriterium	Wert Investitions-rechnung [TDM/Jahr]	empirischer Irrtumsfaktor von ..... bis		Schwankungs-breite [TDM/Jahr] x'	x''	Risikoanalyse [TDM/Jahr] E	[TDM/Jahr]^2 Var	IST-Werte [TDM/Jahr]
laufend	Personalkosten	350	maximal 1 Mit-arbeiter zusätzlich		350	400	375	69	350
	Instandhaltungs-kosten	271	--		--	--	324	362	320
	Energiekosten	120	1,05	1,15	126	138	132	4	160
	Raumkosten	20	Unsicherheit un-bedeutend bzw. fast sicher		--	--	20	0	23
	$\sum$	761					851	435	853
	Ausschuß-reduzierung	--	--		--	--	20	10	28
	Putzkosten-einsparungen	--	--		--	--	103	108	115
	$\sum$	--					123	118	143

1) bezogen auf Erwartungswert der Anschaffungskosten

Tab. 7-2: Ermittlung der Werte für die Risikoanalyse.

Die Instandhaltungskosten wurden entsprechend Kapitel 6.2.2 und 6.2.3 berechnet. Ausgangsdaten waren

- ein Formvolumen von 0,155 m^3,

- die abzuformende Anzahl Formen im Jahr von 210.000 Stück,

- 92 umlaufende Kästen,

- 650 m^2 belegte Bodenfläche,

- eine Formfläche von 800 mm x 500 mm,

- eine Formleistung von 120 Formen in der Stunde.

Die Raumkosten wurden als nahezu sicher angesehen und daher nicht verändert.

Die Ermittlung der Einsparungen durch Verringerung beim Putzaufwand und beim Ausschuß erfolgte gemäß den Ausführungen in den Kapiteln 6.1.2.4 und 6.1.3.4. Der Putzaufwand wurde berechnet mit K_P = 6 TDM je Prozent Putzaufwandverringerung. Beim Ausschuß wurde mit einem Ausschußprozentsatz vor Einsatz der automatischen Formanlage von A_{Ist} = 6 % und mit einem Kostenfaktor K_A = 8 TDM je Prozent Ausschußverringerung gerechnet.

7.2.3 Vergleich der Ergebnisse der Investitionsrechnung und der Risikoanalyse mit den Ist-Werten

Grundlage der Ausführungen ist - wie bei der damaligen Investitionsrechnung der Gießerei - eine Kostenvergleichsrechnung mit einer vorgegebenen jährlichen Formenstückzahl. Die einzelnen Annahmen z. B. einer linearen Abschreibung von 5 Jahren mit 10 % kalkulatorischen Zinsen auf das durchschnittlich gebundene Kapital sind ebenfalls identisch.

Zum genaueren Vergleich der Ergebnisse der Investitionsrechnung mit denen der Risikoanalyse werden zunächst nur die in der Investitionsrechnung der Gießerei berücksichtigten Größen, getrennt nach den kalkulatorischen Kapitalkosten und den laufenden Kosten, gegenübergestellt (d. h. ohne Planungskosten und Einsparungen beim Putzaufwand und beim Ausschuß).

Auf Basis der Anschaffungs- und Montagekosten ergeben sich als jährliche kalkulatorische Kapitalkosten K_K:

- Investitionsrechnung Gießerei (PLAN)   : 1.077 [TDM/Jahr]
- Ist-Wert   : 1.207 [TDM/Jahr]
  Risikoanalyse
  - Erwartungswert[23] $E(K_K)$: 1.170 [TDM/Jahr]
  - Varianz $Var(K_K)$:   45 $[TDM/Jahr]^2$
  - als Mindestwert x'   : 1.150 [TDM/Jahr]
  - als Maximalwert x''   : 1.190 [TDM/Jahr]

---

[23]	Es gilt die Vorschrift:	A	E(A)	Var(A)
		ax	a E(x)	a^2 Var(x)

Abbildung 7-1 zeigt zum besseren Erkennen des Schwankungsbereichs als Ergebnis die Dichtefunktion der Verteilung (vgl. Abbildung 5-2) und im Vergleich den Ist-Wert und den Wert aus der Investitionsrechnung der Gießerei. Die Werte x' und x'' kennzeichnen die Grenzen $\mu \pm 3\sigma$ des Schwankungsbereichs. Die Abbildung demonstriert, wie groß die Differenz zwischen dem Plan- und dem Ist-Wert ist. Der Schwankungsbereich der Risikoanalyse kommt dem Ist-Wert bis auf 17 [TDM/Jahr] schon deutlich näher.

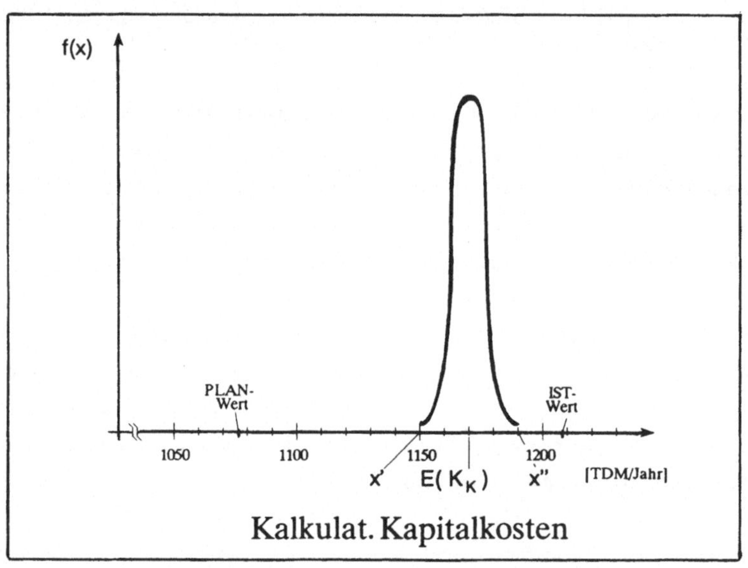

Abb. 7-1: Dichtefunktion als Ergebnis der Risikoanalyse im Vergleich mit Ist- und Plan-Wert der kalkulatorischen Kapitalkosten.

Für die laufenden Kosten K_L (ohne Berücksichtigung der Ersparnisse beim Putzaufwand und beim Ausschuß) ergibt sich bei 210.000 Formen im Jahr:

- Investitionsrechnung Gießerei (PLAN)   : 761 [TDM/Jahr]
- Ist-Wert   : 853 [TDM/Jahr]
- Risikoanalyse
  - Erwartungswert $E(K_L)$: 851 [TDM/Jahr]
  - Varianz $Var(K_L)$: 435 [TDM/Jahr]^2
  - als Mindestwert x'   : 788 [TDM/Jahr]
  - als Maximalwert x''   : 914 [TDM/Jahr]

Abbildung 7-2 demonstriert den Vergleich. Während der Plan-Wert weitab liegt, stimmen Erwartungswert und Ist-Wert fast überein.

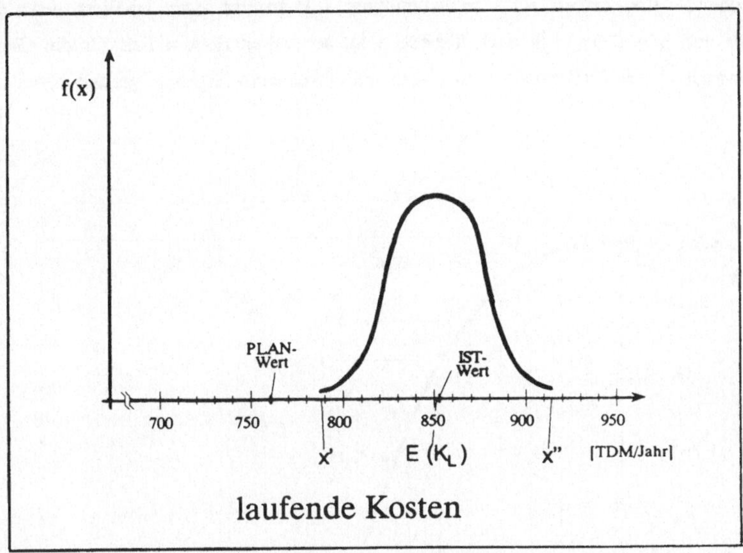

Abb. 7-2: Dichtefunktion als Ergebnis der Risikoanalyse im Vergleich mit Ist- und Plan-Wert der laufenden Kosten.

Das Ziel, den Möglichkeitenraum des tatsächlichen Wertes genauer zu erfassen bzw. einzugrenzen, wird somit erfüllt.

Zum Abschluß wird für alle Rechnungsgrößen einschließlich Planungskosten und Einsparungen beim Putzaufwand und beim Ausschuß eine Risikoanalyse durchgeführt und mit dem Ist-Wert verglichen. Bei einer Bezugsgröße von 210.000 Formen im Jahr ergeben sich als Gesamtkosten bzw. Kosten je Form und Jahr:

- Ist-Wert   : 1.926 [TDM/Jahr]; 9,17 [DM/Form]

  Risikoanalyse

  - Erwartungswert $E(K_F)$: 1.913 [TDM/Jahr]; 9,11 [DM/Form]

  - Varianz $Var(K_F)$:   363 $[TDM/Jahr]^2$

  - als Mindestwert y'   : 1.856 [TDM/Jahr]; 8,84 [DM/Form]

  - als Maximalwert y''   : 1.970 [TDM/Jahr]; 9,38 [DM/Form]

Die Investitionsrechnung der Gießerei hatte ohne Planungskosten und ohne Einsparungen beim Putzaufwand und beim Ausschuß einen Wert von 8,75 [DM/Form] ergeben. Das entsprechende Risikoprofil wird in Abbildung 7-3 gezeigt. Der Ist-Wert liegt etwas überhalb von $\mu + 0{,}6\sigma$ (vgl. auch Tabelle 5-1), so daß in diesem Fall für die Gießerei die Anwendung der Risikoanalyse zu einem realitätsnäheren Ergebnis geführt hätte.

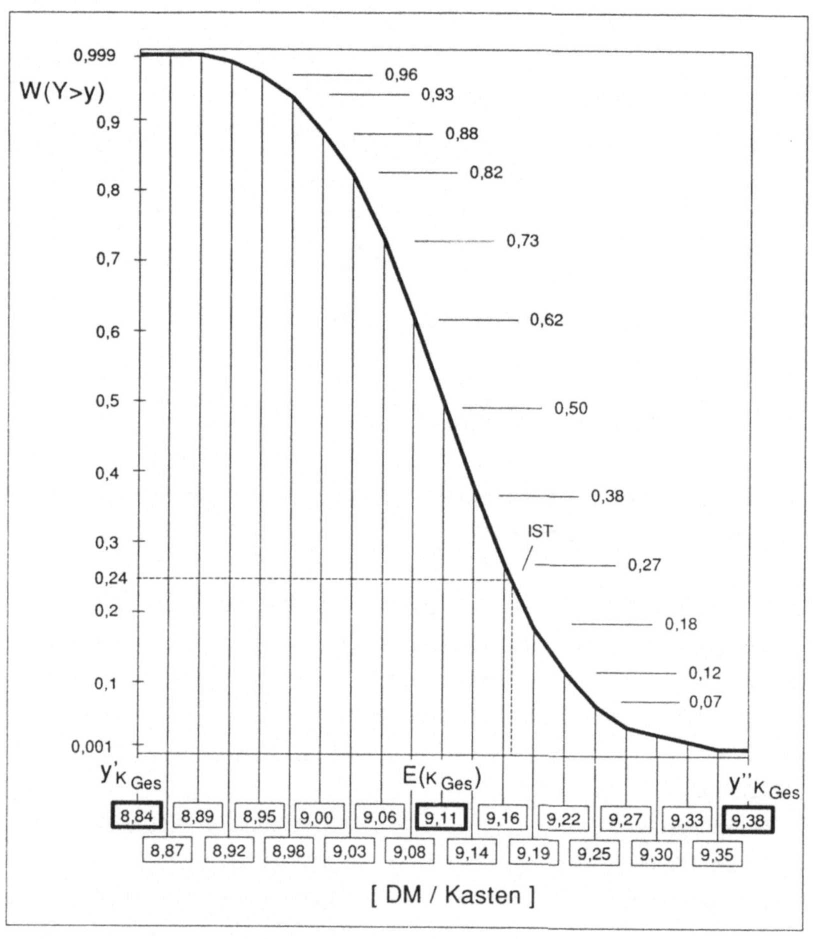

Abb. 7-3:   Vergleich des Risikoprofils der Investition mit dem Ist-Wert.

8.   Zusammenfassung

Die Entwicklung moderner automatischer Formanlagen mit der Möglichkeit des schnellen Modellwechsels eröffnet auch für Gießereien mit kleineren Losgrößen Automatisierungschancen im kostenintensiven Sandformbereich.

Aufgrund der hochentwickelten Mechanisierungs- und Automatisierungstechnik und der speziellen Formverfahren von automatischen Formanlagen erhalten die bisher gering mechanisierten Gießereien eine für sie neuartige Produktionsanlage mit neuen technischen und formtechnologischen Einsatzbedingungen. Das wesentliche Betriebs-Know-how muß sich jede Gießerei im realen Einsatz erst selbst erarbeiten, so daß viele der Annahmen zum Einsatz- und Kostenverhalten zum Zeitpunkt der Investitionsrechnung mit großer Unsicherheit behaftet sind. Dieser Unsicherheit werden die verbreiteten, mit einem einzigen Wert je Eingangsgröße arbeitenden Investitionsrechnungsverfahren nicht gerecht.

Um die Unsicherheit der Investition klar erkennen zu können, müssen die Unsicherheiten der Eingangsgrößen berücksichtigt werden. Hierzu ist es wichtig, die Unsicherheiten systematisch zu erkunden und zu erkennen, ob sie sinnvoll beeinflußt werden können.

In der vorliegenden Arbeit wurde eine Vorgehensweise bei der Investition zum Einsatz automatischer Formanlagen aufgezeigt, mit der schrittweise das jeweilige Risiko der Eingangsgrößen festgelegt, deren Auswirkungen festgestellt sowie das Risiko der Investition bewertet und ggf. zu mindern versucht wird. Instrumentale Komponente ist die Risikoanalyse nach dem analytischen Verfahren, durch das die Unsicherheiten konkret in die Investitionsrechnung miteinbezogen und für die Investition deutlich gemacht werden können.

Für die durch die Gießereien nicht selbst einzuschätzenden Einsparungen beim Putzaufwand und beim Ausschuß sowie für die Instandhaltungskosten wurden konkrete Berechnungsmöglichkeiten aufgestellt.

Ergebnis der Investitionsrechnung ist ein Risikoprofil als Wahrscheinlichkeitsverteilung des Entscheidungskriteriums. Dadurch kann der tatsächliche Ist-Wert bzw. der

Bereich, in dem der Ist-Wert liegen wird, mit größerer Genauigkeit bestimmt werden als mit den einwertigen Verfahren.

Mit der in eine systematische Vorgehensweise eingebundenen Risikoanalyse kann einer Gießerei für ihre Investitionsrechnung und -entscheidung ein wirkungsvolles und einfach zu handhabendes Hilfsmittel zur Verfügung gestellt werden. Die Vorgehensweise eignet sich darüber hinaus grundsätzlich für Entscheidungsprobleme mit unsicheren Rechnungsgrößen und hohen Risiken, d. h. bei jeder für ein Unternehmen gravierenden Investition mit hohen, unsicheren Beträgen.

Als wesentliche Voraussetzung muß aber stets eine sinnvolle Schätzbarkeit der Größen gegeben sein, die sowohl auf schätzungsfreundlichen[24] Größen als auch auf kompetenten Schätzern beruht. Bei Nichterfüllung sind objektive oder synthetische Wahrscheinlichkeiten zu bilden, was jedoch bei erfahrungsabhängigen Größen selten durch das Unternehmen selbst geleistet werden kann. Hier bietet sich ein zweckmäßiges Betätigungsfeld für Verbandsgremien o. ä. an. Auf diese Weise könnte auch von übergeordneten Stellen der Bedeutung von Investitionen Rechnung getragen werden.

---

[24] Vorliegen von Anhaltspunkten entsprechend Kapitel 4.1.1

9.   Literaturverzeichnis

ADELBERGER, O. L.:   Zur Praxis der berechnungsexperimentellen Risiko-
analyse von Investitionsobjekten.
In: WiSt-Wirtschaftswissenschaftliches   Studium,
München 4(1975)1, S. 1 - 5.

ALBACH, H.:   Wirtschaftlichkeitsrechnung bei unsicheren Erwar-
tungen. Beiträge zur betriebswirtschaftlichen
Forschung.
Band 7. Köln/Opladen 1959.

ASFAHL, C. R.:   Many Subtile Pitfalls of Automating Production
Lines Can Be Predicted, Sidestepped.
In: Industrial Engineering, Norecross 18(1986)5, S.
34 - 43.

BAHR, W.:   Gießereiausrüstungen auf der Leipziger Frühjahrs-
messe 1983.
In: Giessereitechnik, Leipzig 29(1983)8, S. 244 -
249.

BAMBERG, G.;   Betriebswirtschaftliche Entscheidungslehre.
COENENBERG, A. G.:   München 1974.

BÄUML, J.;   EDV-gestützte Entscheidungstechniken zur Beurtei-
LUKAS, B.:   lung von Investitionsalternativen.
Sindelfingen 1986.

BEHRINGER: Gußteile in kleinen Serien.
In: Moderne Fertigung, Landsberg 13(1985)Mai,S.
30 -39.

BENTLER, K.-B.:   Analyse und Bewertung der Einflußgrößen auf die
Wirtschaftlichkeit von automatischen Formanlagen.
Schlußbericht zum AIF-Forschungsvorhaben Nr.
6727.
Aachen 1988.
(Forschungsinstitut für Rationalisierung - FIR -
Aachen)

BERGMANN, M.;   CIM-Schlüssel zum Aufbau einer integrierten
HAIDVOGL, G.:   Gesamtlösung.
In: Office Management, Baden Baden 33(1985)10,
S. 976 - 994.

BERMIG, H.:   Aus der Tätigkeit des Deutschen Gießereiverbandes.
In: Giesserei, Düsseldorf 75(1988)11, S. 329 - 351.

BITZ, M.:   Entscheidungstheorie.
München 1981.

BITZ, M.:

Investition.
In: Vahlens Kompendium der Betriebswirtschafts-
lehre. Band 1.
München 1984, S. 423 - 481.

BLOHM, H.;
LÜDER, K.:

Investition.
4. Auflage.
München 1978.

BMD (Hrsg.):

The full product range from a single source.
Prospekt der Badischen Maschinenfabrik Durlach
Nr. B-e/0486-20.
Karlsruhe 1986.

BORN, A.:

Entscheidungsmodelle zur Investitionsplanung.
Wiesbaden 1976.

BRACZYK, H.-J.;
HEIDENREICH, M.;
MILL, U.;
NIEBUHR, J.:

Arbeit in Gießereien.
Band 93 der Reihe "Humanisierung des Arbeitsle-
bens".
Frankfurt 1988.

BRANDES, W.;
BUDDE, H.-J.;
BLOECH, J.:

Die anwendungsorientierte Risikoschätzung für
strategische Investitionen.
In: Der Betrieb, Düsseldorf u. a. 36(1983)51/52, S.
2697 - 2700.

BREER, U.;
WEINGÄRTNER, J.:

Instandhaltungsplanung.
In: Der PPS-Fachmann. Hrsg.: RKW-Rationa-
lisierungs-Kuratorium der Deutschen Wirtschaft e.
V. Band 3.
Köln 1987, Baustein P 11, S. 1 - 56.
(Forschungsinstitut für Rationalisierung - FIR -
Aachen)

BRIEF, U.:

Entwicklung und Erprobung eines EDV-gestützten
Verfahrens zur Feinauswahl von Standardsystemen
der Produktionsplanung und -steuerung im Maschi-
nenbau.
Diss. RWTH Aachen 1984 .
(Forschungsinstitut für Rationalisierung - FIR -
Aachen)

BUSSE VON COLBE, W.;
LASSMANN, G.:

Betriebswirtschaftstheorie.
Band 2.
Berlin u. a. 1977.

CARLSON, G.;
DALLOZ, C.:

Neue Zylinderblock-Formanlage in einer schwedi-
schen Automobil-Gießerei.
In: Giesserei, Düsseldorf 70(1983)12, S. 349 - 355.

CASPERS, K.-H.: Tonnendenken weicht Qualität.
In: Maschinenmarkt, Würzburg 93(1987)34, S. 26 - 29.

CHATILLON, J.-P.;
LEBRAVE, M.: Utilisation d'un chantier de moulage automatique en chassis.
In: Hommes et Fonderie, Paris, 12(1981) Août, S. 55 -60.

DÄUMLER, K.-D..: Investitions- und Wirtschaftlichkeitsrechnung, Grundlagen.
Herne/Berlin 1976.

DGV (Hrsg.): Die Gießereiindustrie im Jahre 1982.
Düsseldorf 1983 (= 1983a).

DGV (Hrsg.): Empfehlungen zur Kosten- und Leistungsrechnung der Gießereiindustrie.
Düsseldorf 1983 (= 1983b).

DGV (Hrsg.): Fakten und Daten Gießerei-Industrie 1988.
Düsseldorf 1989.

DICHTL, E.;
KAISER, A.: Zur Verläßlichkeit der Ergebnisse empirischer Untersuchungen.
In: WiSt - Wirtschaftswissenschaftliches Studium, München 7(1978)10, S. 490 - 492.

DIETRICH, L.;
ELIAS, H.-J.: Oft vernachlässigte Überlegungen bei Wirtschaftlichkeitsrechnungen.
In: AV - Die Arbeitsvorbereitung, München 23 (1986)1, S. 14 - 16.

DIGGLES, A.-P.: Economic Evaluation of Capital Projects.
In: Foundry Trade Journal, Redhill 145(1978)3151, S. 1269 - 1288 und 146(1979)3153, S. 11 - 29.

DÖPP, R.;
SCHNEIDER, H.;
RAUSCH, W.: Ein neues Ventil für die Formstoffverdichtung durch Luftimpuls.
In: Giesserei, Düsseldorf 76(1989)7, S. 230 - 231.

EMMERT, P.-H.: Die Planung und Beurteilung von Investitionsvorhaben in einem Mensch-Maschinen-Kommunikationssystem.
Diss. Universität Nürnberg 1974.

EVERSHEIM, W.;
ERKES, K.;
SCHMIDT, H.: Wirtschaftliche Bewertung flexibler Fertigungsanlagen.
In: Industrieanzeiger, Leinfelden-Echterdingen 197 (1985)44, S. 24 - 28.

FÖRSTER, E.;
RÖNZ, B.:

Methoden der Korrelations- und Regressionsanalyse.
Berlin 1979.

FRIELING, E.:

Psychologische Probleme der Arbeitsanalyse - Dargestellt an Untersuchungen zum Position Analysis Questionaire (PAQ) -.
Diss. München 1974.

GANDT, H.;
RADCZUWEIT, D.:

Rationalisierung durch Neugestaltung des Formbetriebs in der Gießerei Fondeca SA.
In: Giesserei, Düsseldorf 71(1984)18, S. 680 - 686.

GROB, R.:

Erweiterte Wirtschaftlichkeits- und Nutzenberechnung.
Köln 1983.

HACKSTEIN, R.;
NÜSSGENS, K.-H.;
UPHUS, P.-H.:

Personalwesen in systemorientierter Sicht.
In: Fortschrittliche Betriebsführung, Darmstadt 20(1971)1, S. 27 - 41.
(Forschungsinstitut für Rationalisierung - FIR - Aachen)

HACKSTEIN, R.:

Rationalisierung heute für die Unternehmenssicherung morgen.
IN: REFA-Nachrichten, Darmstadt 83(1985)2, S. 21 - 28.
(Forschungsinstitut für Rationalisierung - FIR - Aachen)

HACKSTEIN, R.:

Arbeitswissenschaft I.
Umdruck zur Vorlesung vom Lehrstuhl und Institut für Arbeitswissenschaft - IAW. RWTH Aachen 1986.

HACKSTEIN, R.:

Einführung in die technische Ablauforganisation.
München u. a. 1988.
(Forschungsinstitut für Rationalisierung - FIR - Aachen)

HACKSTEIN, R.:

Produktionsplanung und -steuerung (PPS).
2. Auflage.
Düsseldorf 1989.
(Forschungsinstitut für Rationalisierung - FIR - Aachen)

HACKSTEIN, R.;
BENTLER, K.-B.:

Der große Schritt in die Automatisierung - Untersuchung zum Einsatz automatischer Formanlagen.
In: Giesserei, Düsseldorf 76(1989)7, S. 206 - 209.
(Forschungsinstitut für Rationalisierung - FIR - Aachen)

HAHN, D.:   Risiko-Management, Stand und Entwicklungstendenzen.
In: Zeitschrift Führung und Organisation, Baden Baden 56(1987)3, S. 137 - 150.

HALLER-WEDEL, E.:   Die Einflußgrößenrechnung in Theorie und Praxis; Statistische Verfahren für Arbeitsstudien und Fertigung, Prüf- und Meßtechnik.
Band 3.
München 1973.

HEIMANN, A.:   Dialogorientiertes Reihenfolgeplanungsverfahren für Automatische Formanlagen.
Diss. RWTH Aachen 1981.
(Forschungsinstitut für Rationalisierung - FIR - Aachen)

HEINEN, E.:   Industriebetriebslehre.
7. Auflage.
Wiesbaden 1983.

HERTZ, D.-B.:   Risk Analysis in Capital Investment.
In: Harvard Business Review, Harvard 42(1964)1, S. 95 - 106.

HESELICH, G.:   Die Risikosimulation im Dienste der Investitionsplanung.
Bochum 1975.

HESPERS, W.;
LUSTIG, M.:   Systematische Investitionsplanung bei Formanlagen unter Berücksichtigung verfahrenstechnischer und fertigungsorganisatorischer Entwicklungen.
In: Giesserei, Düsseldorf 75(1988)9, S. 272 - 278.

HILDEBRANDT, F.:   Arbeitsingenieurwesen I.
Umdruck zur Vorlesung vom Institut und Lehrstuhl für Arbeitswissenschaft - IAW. RWTH Aachen 1981.

HILLIER, F.-S.:   The Derivation of Probalistic Information for the Evaluation of Risky Investments.
In: Management Science, Series A, Baltimore 9(1963), S. 443 - 457.

JÄKEL, Ch.:   "Monte Carlo" im Computer.
In: mc-Mikrocomputer, München 3(1987)8, S. 36 - 41.

JANDT, H.:   Investitionseinzelentscheidungen bei unsicheren Erwartungen mittels Risikoanalyse.
In: WiSt - Wirtschaftswissenschaftliches Studium, München 15(1986)11, S. 543 - 549.

JANSEN, H.:

Praktische Investitionsrechnung. Rechenmethoden erläutert an Beispielen aus der Gießereipraxis.
In: Giesserei, Düsseldorf 63(1976)17, S. 464 - 478.

KELLENBERGER, P.:

Die Gießerei als Gesamtanlage - Planungsgrundsätze für partielle Modernisierungsprogramme.
In: Giesserei, Düsseldorf 66(1979)12, S. 401 - 403.

KERN, W.:

Investitionsrechnung.
Stuttgart 1974.

KLINGENSTEIN, W.:

Investitionen planen - durchführen - sichern.
In: Giesserei, Düsseldorf 67(1980)24, S. 763 - 766.

KOCH, H.:

Grundlagen der Wirtschaftlichkeitsrechnung.
Wiesbaden 1970.

KÖHLER, R.;
UEBELE, H.:

Risikoanalyse bei der Evaluierung absatzorientierter Projekte.
In: WiSt - Wirtschaftswissenschaftliches Studium, München 12(1983)3, S. 119 - 126

KREYSZIG, E.:

Statistische Methoden und ihre Anwendungen.
Göttingen 1982.

KRUSCHWITZ, L.:

Investitionsrechnung.
Berlin 1978.

KÜPPER, W.;
KNOOP, P.:

Investitionsplanung.
In: Rationelle Betriebswirtschaft. Hrsg.: Müller, W.; Krink, J.
Neuwied 1974, Kapitel X, S. 1 - 278.

LASSMANN, G.;
BLEUEL, B.;
RADEMACHER, M.:

Leitfaden für ein PC-gestütztes Verfahren der Investitions- und Finanzierungsplanung für mittelständische Industrieunternehmen mit begleitender Ausführungsüberwachung und Wirtschaftlichkeitskontrolle. Arbeitsbericht Nr. 34 des Instituts für Unternehmensführung und Unternehmensforschung. Ruhr-Universität Bochum 1985.

LIENERT, J.;
NIESS, P.-S.:

Wirtschaftlichkeitsbeurteilung komplexer Fertigungsanlagen.
In: Zeitschrift für wirtschaftliche Fertigung, München 73(1978)2, S. 59 - 63.

LILLIEFORS, H. W.:

On the Kolmogorov-Smirnov test for normality with mean and variance unknown.
In: Journal of American Statistic Association, Alexandria (USA) (1967)62, S. 399 - 402.

LÜDER, K.: Investitionskontrolle.
Wiesbaden 1969.

LÜDER, K.: Entwicklung und Stand der Investitionsplanung.
In: Investitionsplanung. Hrsg.: Lüder, K. München
1977, S. 1 - 18.

LÜDER, K.: Risikoanalyse bei Investitionsentscheidungen.
In: Angewandte Planung. Band 3.
Würzburg u. a. 1979, S. 224 - 233.

MADAUSS, B.-J.: Projektmanagement.
Stuttgart 1984.

MAG, W.: Risiko und Unsicherheit.
In: Handwörterbuch der Wirtschaftswissenschaft.
Hrsg.: Albert, W. u. a. Band 6.
Stuttgart u. a. 1981, S. 480.

MÖSER, H.-D.: Die Ungewißheit in Investitionsplanungen der Praxis
- Ein Überblick.
In: Der Betrieb, Düsseldorf u. a. 31(1978)36, S.
1701 - 1708.

MÜLLER-MERBACH, H.: Risikoanalyse.
In: Management-Enzyklopädie. Band 5.
München 1971, S. 176 - 183.

PERLITZ, M.: Risikoanalyse für Investitionsentscheidungen.
In: zfbf - Zeitschrift für betriebswirtschaftliche
Forschung, Düsseldorf 31(1979) Heft "Kontaktstudi-
um", S. 41 - 49.

PFOHL, H.-C.;
WÜBBENHORST, K.-L.: Zum Konzept der Lebenszykluskosten.
Arbeitspapiere Fachgebiet Betriebswirtschaft.
Technische Hochschule Darmstadt 1982. Zitiert bei:
Madauss, B.-J.: Projektmanagement.
Stuttgart 1984, S. 247.

PHILIPP, F.: Risiko und Risikopolitik.
In: Handwörterbuch der Betriebswirtschaft. Hrsg.:
Grochla, E.; Wittmann, W.
4. Auflage.
Stuttgart 1976, S. 3453 - 3460.

REINECKE, P.: Entwicklung und Erprobung eines Analyseinstru-
mentariums zur Bestimmung wirtschaftlicher
Auftragsabwicklungsverfahren in der Warenvertei-
lung.
DISS. RWTH Aachen 1983.
(Forschungsinstitut für Rationalisierung - FIR -
Aachen)

REINHART, H.;
BOUSQUET, M.:

La Rentabilite d'un Investissement industriel. Etude
d'un cas concret: Le V. Process de Fong.
In: Hommes et Fonderie, Paris 16(1985)Novembre,
S. 19 - 23.

RIEBEL, P.:

Das Rechnen mit relativen Einzelkosten und Dek-
kungsbeiträgen als Grundlage unternehmerischer
Entscheidungen im Fertigungsbereich.
In: Neue Betriebswirtschaft, Heidelberg 14(1961)2,
S. 145 - 154.

ROWE, E.-D.:

Ansätze und Methoden der Risikoforschung.
In: Gesellschaft, Technik und Risikopolitik. Hrsg.:
Conrad, J.
Berlin u. a. 1983, S. 15 - 38.

RÜHLI, E.:

Methodische Verfeinerung der traditionellen
Verfahren der Investitionsrechnung und Übergang zu
den mathematischen Modellen.
In: Die Unternehmung, Bern 24(1970)3, S. 165 -
179.

RUNZHEIMER, B.:

Risiko-Analyse in der Investitionsplanung.
In: Die Betriebswirtschaft, Köln 12(1978)2/3, S. 44
- 50.

SACHS, L.:

Angewandte Statistik.
6. Auflage.
Berlin u. a. 1984.

SALINGER, E.:

Betriebswirtschaftliche Entscheidungstheorie.
München u. a. 1981.

SCHNEIDER, D.:

Investition und Finanzierung.
4. Auflage.
Opladen 1975.

SCHNEIDER, G.:

Jahresübersicht Mechanisierung der Form- und
Kernherstellung (20. Folge).
In: Giesserei, Düsseldorf 71(1984)13/14, S. 561 -
567.

SCHNOPP, R.:

Kostenschätzung bei Softwareprojekten mit dem
Hybridenverfahren COCOMO.
In: Angewandte Systemanalyse, Köln 5(1984)3/4, S.
157 - 172.

SCHULZ, E.;
STEINHILPER, R.:

Automatisierungslücken in der Produktion.
In: Management-Zeitschrift IO, Zürich 48(1979)10,
S. 425 - 429.

SERVATIUS, H.-G.: Methodik des strategischen Technologie Managements, Grundlage für erfolgreiche Innovation.
Berlin 1985.

SHAW, J.-M.: On the Move - Automatic Green Sand Moulding.
In: Foundry Management & Technologie, New York 103(1975)8, S. 26 - 30.

SHENTON, J.-A.: Automatic moulding systems.
In: The British Foundryman, London 75(1982)9, S. XXIV - XXV.

STANGE, K.: Angewandte Statistik.
Teil 2: Mehrdimensionale Probleme.
Berlin 1971.

STORCH, J. E. W.; JÖRN, A.: Moderne Gußherstellung nach dem Gasdruckformverfahren - Betriebserfahrungen mit einer Formanlage.
In: Giesserei, Düsseldorf 70(1983)10, S. 305 - 308.

TEICHMANN, H.: Die Investitionsentscheidung bei Unsicherheit.
Berlin 1970.

VDG (Hrsg.): "Was der Gießereiingenieur von der Anlagenplanung und Investitionsrechnung wissen muß".
Unterlage zum Lehrgang des Vereins der Deutschen Gießereifachleute.
Düsseldorf 1979.

VOGT, A.: Planung einer Naßgußformanlage zur Herstellung von Kleingußteilen in geringen Losgrößen.
In: Giesserei, Düsseldorf 70(1983)20, S. 528 - 534.

VOLK, P.-G.: System zur Steigerung des wirtschaftlichen Erfolgs beim Einsatz von NC-Maschinen.
Diss. Universität Hannover 1984.

WAGLE, B.-A.: A Statistical Analysis of Risk in Capital Investment Projects.
In: Operational Research Quarterly, 18(1967)1, S. 13 - 33. Abgedruckt bei K. Lüder: Investitionsplanung.
München 1977, S. 174 - 192.

WÄLCHLI, H.: Investieren ohne Risiko.
Zürich 1975.

WARNECKE, H.-J.; Wirtschaftlichkeitsrechnung für die Betriebspraxis.
VOEGELE, A.; Teil 2: Statistische Verfahren. Kostenvergleichsrech-
VIEHMANN, K.-H.: nung.
In: wt - Zeitschrift für industrielle Fertigung, Berlin
u. a. 74(1984)3, S. 181 - 182.

WESTKÄMPER, E.: Automatisierung in der Einzel- und Serienfertigung;
ein Beitrag zur Planung, Entwicklung und Realisie-
rung neuer Fertigungskonzepte.
Diss. RWTH Aachen 1977.

WIEBELHAUS, W.: Herstellung verlorener Formen mit Dauermodellen;
Tongebundene Werkstoffe.
In: Handbuch der Fertigungstechnik. Band 1: Urfor-
men. Hrsg.: Spur, G.; Stöferle, T.
München u. a. 1981, S. 259 - 292.

WIENDAHL, H.-P.: Technische Struktur- und Investitionsplanung.
Essen 1973.

WILDEMANN, H.: Investitionsplanung und Wirtschaftlichkeitsrechnung
für flexible Fertigungssysteme (FFS). Forschungsbe-
richt des Lehrstuhls für Betriebswirtschaftslehre an
der Universität Passau .
Passau 1986.

WÖHE, G.: Einführung in die Allgemeine Betriebswirtschaftslehre.
14. Auflage.
München 1981.

WOLFF, H.: Analyse der Arbeitssituation in den Tätigkeitsberei-
chen von Gießereien unter Berücksichtigung des
Trends in Markt und Technik.
Hrsg.: Verein Deutscher Gießereifachleute.
Düsseldorf 1987.

ZANGEMEISTER, H.: Evaluation betrieblicher Modellvorhaben zur Verbes-
serung der Arbeitsbedingungen in Gießereien.
Bd. 12 Reihe "Arbeit und Technik in Gießereien."
Düsseldorf 1989.

10. Verzeichnis der wichtigsten Symbole und Abkürzungen

A_{Ist}	Ausschußprozentsatz bei Rüttel-Preß-Einzelformmaschinen
B	Bestimmtheitsmaß (Regressionsanalyse)
B_{Sig}	Signifikanzschranke des Bestimmtheitsmaßes
Bo	Belegte Bodenfläche der automatischen Formanlage
C, C_0	Kapitalwert (Investitionsrechnung)
Cov	Covarianz
$\hat{D}$,	Prüfwert für den K-S-Test; mit Index bei Prüfung hin-
$\hat{D}_A$,	sichtlich der Verringerung beim Ausschuß,
$\hat{D}_P$	beim Putzaufwand
D_{Sig}	Signifikanzschranke beim K-S-Test
d	Anzahl Datensätze für die Regressionsanalyse
E	Erwartungswert
e	Anzahl Einflußgrößen (Regressionsgleichung)
F, F_N	Prüfgröße für F-Test
F_B,	Summenhäufigkeit einer beobachteten Stichprobe, der
F_E	erwarteten Verteilung (K-S-Test)
F_{Sig}	Signifikanzschranke für F-Test
$F(x)$	Verteilungsfunktion
FF	Formfläche
FJ	Formen pro Jahr
FL	Formleistung der automatischen Formanlage
F_V	Formvolumen
$f(x)$	Dichtefunktion
G	Prüfgröße für Test nach COCHRAN
G_{Sig}	Signifikanzschranke für Test nach COCHRAN
g_i	Gewichtungsfaktor
h_B	Absolute Häufigkeit eines Stichprobenwertes (K-S-Test)
I	Anzahl Einflußgrößen zur Investitionsrechnung
IK	Instandhaltungskosten
i	Laufindex
J	Anzahl Kostengrößen in der Investitionsrechnung
j	Laufindex

K_A,	Kostenfaktor zur Bewertung des Ausschusses,
K_P	des Putzaufwands
K_F	Kosten je Form
K_{Ges}	Jährliche Gesamtkosten einer automatischen Formanlage
K_j	Kostengröße zur Investitionsrechnung
K_K	Kalkulatorische Kapitalkosten
K_L	Laufende Kosten
Ku	Umlaufende Kästen einer automatischen Formanlage
M	Anzahl Beurteilungsobjekte
M_B, M_F,	Mittleres Quadrat der Beurteiler, Fehler
M_O	Objekte (Reliabilität)
m	Laufindex
N	Anzahl Beurteiler, Stichprobenumfang
$R(y)$	Risikoprofil des Zielwertes
$S^2_{b_i b_j}$	Varianz und Covarianz der Regressionskoeffizienten
S_B, S_F,	Summe der Abweichungsquadrate der Beurteiler, Fehler,
S_G, S_O	Gesamt, Objekte
S^2_R	Restvarianz (Regressionsgleichung)
r	Freiheitsgrad
r_N	Reliabilitätskoeffizient
V^*_A	Ausschußprozentsatz bei automatischen Formanlagen (Schätzung)
V^*_P	Verringerung beim Putzaufwand (Schätzung)
V_A,	Einsparungen durch Verringerung beim Ausschuß,
V_P	beim Putzaufwand
Var	Varianz
v	Freiheitsgrad
$W(x)$	Wahrscheinlichkeitsverteilung
w	Wahrscheinlichkeitswert
x	Variable
x', x''	untere, obere Grenze des Schwankungsbereichs einer Variablen
$\bar{x}$	Mittelwert
x_B	Wert einer Stichprobenklasse (K-S-Test)
x_m	Mittlerer Wert des Schwankungsbereichs der Zielgröße
y	Zielgröße
y', y''	untere, obere Grenze des Schwankungsbereichs der Zielgröße

$\bar{y}$	Mittelwert von Zielgrößenwerten
Y_{Krit}	Entscheidungskriterium einer Investitionsrechnung
z_E	Transformationswert (K-S-Test)
α	Irrtumswahrscheinlichkeit
μ	Mittelwert einer Verteilung
σ	Standardabweichung
Φ	Verteilungsfunktion der Standardnormalverteilung

11.   Anhang

**11.1   Auswertung der Expertenbefragung zur Verringerung beim Putz-
aufwand und beim Ausschuß**

o Verringerung beim Putzaufwand (Prozentangaben)

- minimal

Schätzwerte	Häufigkeit		
	einzeln	kumuliert	
7,5	2	2	
10,0	9	11	$\mu = 11,9;\ \sigma^2 = 4,60$
12,5	13	24	
15,0	6	30	

- maximal

Schätzwerte	Häufigkeit		
	einzeln	kumuliert	
17,5	4	4	
20,0	6	10	$\mu = 22,3;\ \sigma^2 = 7,91$
22,5	11	21	
25,0	7	28	
27,5	2	30	

o Ausschußanteil bei automatischen Formanlagen (Prozentangaben)

- minimal

Schätzwerte	Häufigkeit		
	einzeln	kumuliert	
1,5	5	5	
2,0	9	14	$\mu = 2,3;\ \sigma^2 = 0,27$
2,5	9	23	
3,0	7	30	

- maximal

Schätzwerte	Häufigkeit	
	einzeln	kumuliert
3,5	2	2
4,0	5	7
4,5	12	19
5,0	10	29
5,5	1	30

$\mu = 4{,}6;\ \sigma^2 = 0{,}23$

11.2 Ermittlung der Berechnungsformel für die Varianz der Instandhaltungskosten

Entsprechend Gleichung (6.25) gilt für den vorliegenden Fall mit 4 Einflußgrößen:

$$
\begin{aligned}
Var(y) = {} & \frac{S_R^2}{d} + S^2_{b_1 b_1}(x_1-\bar{x}_1)^2 + S^2_{b_1 b_2}(x_1-\bar{x}_1)(x_2-\bar{x}_2) + \\
& + S^2_{b_1 b_3}(x_1-\bar{x}_1)(x_3-\bar{x}_3) + S^2_{b_1 b_4}(x_1-\bar{x}_1)(x_4-\bar{x}_4) + \\
& + S^2_{b_2 b_1}(x_2-\bar{x}_2)(x_1-\bar{x}_1) + S^2_{b_2 b_2}(x_2-\bar{x}_2)^2 + \\
& + S^2_{b_2 b_3}(x_2-\bar{x}_2)(x_3-\bar{x}_3) + S^2_{b_2 b_4}(x_2-\bar{x}_2)(x_4-\bar{x}_4) + \\
& + S^2_{b_3 b_1}(x_3-\bar{x}_3)(x_1-\bar{x}_1) + S^2_{b_3 b_2}(x_3-\bar{x}_3)(x_2-\bar{x}_2) + \\
& + S^2_{b_3 b_3}(x_3-\bar{x}_3)^2 + S^2_{b_3 b_4}(x_3-\bar{x}_3)(x_4-\bar{x}_4) + \\
& + S^2_{b_4 b_1}(x_4-\bar{x}_4)(x_1-\bar{x}_1) + S^2_{b_4 b_2}(x_4-\bar{x}_4)(x_2-\bar{x}_2) + \\
& + S^2_{b_4 b_3}(x_4-\bar{x}_4)(x_3-\bar{x}_3) + S^2_{b_4 b_4}(x_4-\bar{x}_4)^2
\end{aligned}
$$

bzw.

$$
\begin{aligned}
Var(y) = {} & \frac{S_R^2}{d} + S^2_{b_1 b_1}(x_1-\bar{x}_1)^2 + S^2_{b_2 b_2}(x_2-\bar{x}_2)^2 + S^2_{b_3 b_3}(x_3-\bar{x}_3)^2 + \\
& + S^2_{b_4 b_4}(x_4-\bar{x}_4)^2 + 2\,S^2_{b_1 b_2}(x_1-\bar{x}_1)(x_2-\bar{x}_2) + \\
& + 2\,S^2_{b_1 b_3}(x_1-\bar{x}_1)(x_3-\bar{x}_3) + 2\,S^2_{b_1 b_4}(x_1-\bar{x}_1)(x_4-\bar{x}_4) + \\
& + 2\,S^2_{b_2 b_3}(x_2-\bar{x}_2)(x_3-\bar{x}_3) + 2\,S^2_{b_2 b_4}(x_2-\bar{x}_2)(x_4-\bar{x}_4) + \\
& + 2\,S^2_{b_3 b_4}(x_3-\bar{x}_3)(x_4-\bar{x}_4)
\end{aligned}
$$

Mit:

$$K_1 = S^2_{R}/d \qquad K_6 = S^2_{b_1b_2} = S^2_{b_2b_1} \qquad K_{11} = S^2_{b_3b_4} = S^2_{b_4b_3}$$

$$K_2 = S^2_{b_1b_1} \qquad K_7 = S^2_{b_1b_3} = S^2_{b_3b_1}$$

$$K_3 = S^2_{b_2b_2} \qquad K_8 = S^2_{b_1b_4} = S^2_{b_4b_1}$$

$$K_4 = S^2_{b_3b_3} \qquad K_9 = S^2_{b_2b_3} = S^2_{b_3b_2}$$

$$K_5 = S^2_{b_4b_4} \qquad K_{10} = S^2_{b_2b_4} = S^2_{b_4b_2}$$

gilt:

$$
\begin{aligned}
\mathrm{Var}(y) = {} & K_1 + K_2(x_1{}^2 - 2x_1\bar{x}_1 + \bar{x}_1{}^2) + K_3(x_2{}^2 - 2x_2\bar{x}_2 + \bar{x}_2{}^2) + \\
& + K_4(x_3{}^2 - 2x_3\bar{x}_3 + \bar{x}_3{}^2) + K_5(x_4{}^2 - 2x_4\bar{x}_4 + \bar{x}_4{}^2) + \\
& + 2\,K_6\,(x_1x_2 - x_1\bar{x}_2 - x_2\bar{x}_1 + \bar{x}_1\bar{x}_2) + \\
& + 2\,K_7\,(x_1x_3 - x_1\bar{x}_3 - x_3\bar{x}_1 + \bar{x}_1\bar{x}_3) + \\
& + 2\,K_8\,(x_1x_4 - x_1\bar{x}_4 - x_4\bar{x}_1 + \bar{x}_1\bar{x}_4) + \\
& + 2\,K_9\,(x_2x_3 - x_2\bar{x}_3 - x_3\bar{x}_2 + \bar{x}_2\bar{x}_3) + \\
& + 2\,K_{10}(x_2x_4 - x_2\bar{x}_4 - x_4\bar{x}_2 + \bar{x}_2\bar{x}_4) + \\
& + 2\,K_{11}(x_3x_4 - x_3\bar{x}_4 - x_4\bar{x}_3 + \bar{x}_3\bar{x}_4)
\end{aligned}
$$

$$
\begin{aligned}
= {} & K_1 + K_2x_1{}^2 + K_3x_2{}^2 + K_4x_3{}^2 + K_5x_4{}^2 + 2\,K_6x_1x_2 + \\
& + 2\,K_7x_1x_3 + 2\,K_8x_1x_4 + 2\,K_9x_2x_3 + 2\,K_{10}x_2x_4 + \\
& + 2\,K_{11}x_3x_4 - 2\,K_2x_1\bar{x}_1 - 2\,K_6x_2\bar{x}_1 - 2\,K_7x_3\bar{x}_1 - \\
& - 2\,K_8x_4\bar{x}_1 - 2\,K_3x_2\bar{x}_2 - 2\,K_6x_1\bar{x}_2 - 2\,K_9x_3\bar{x}_2 - \\
& - 2\,K_{10}x_4\bar{x}_2 - 2\,K_4x_3\bar{x}_3 - 2\,K_7x_1\bar{x}_3 - 2\,K_9x_2\bar{x}_3 - \\
& - 2\,K_{11}x_4\bar{x}_3 - 2\,K_5x_4\bar{x}_4 - 2\,K_8x_1\bar{x}_4 - 2\,K_{10}x_2\bar{x}_4 - \\
& - 2\,K_{11}x_3\bar{x}_4 + K_2\bar{x}_1{}^2 + K_3\bar{x}_2{}^2 + K_4\bar{x}_3{}^2 + K_5\bar{x}_4{}^2 + \\
& + 2\,K_6\bar{x}_1\bar{x}_2 + 2\,K_7\bar{x}_1\bar{x}_3 + 2\,K_8\bar{x}_1\bar{x}_4 + 2\,K_9\bar{x}_2\bar{x}_3 + \\
& + 2\,K_{10}\bar{x}_2\bar{x}_4 + 2\,K_{11}\bar{x}_3\bar{x}_4
\end{aligned}
$$

Es folgt weiter:

$$\mathrm{Var}(y) = K_1 + K_2 x_1^2 + K_3 x_2^2 + K_4 x_3^2 + K_5 x_4^2 + 2\,K_6 x_1 x_2 +$$
$$+ 2\,K_7 x_1 x_3 + 2\,K_8 x_1 x_4 + 2\,K_9 x_2 x_3 + 2\,K_{10} x_2 x_4 +$$
$$+ 2\,K_{11} x_3 x_4 - 2 x_1 (K_2 \bar{x}_1 + K_6 \bar{x}_2 + K_7 \bar{x}_3 + K_8 \bar{x}_4) -$$
$$- 2 x_2 (K_6 \bar{x}_1 + K_3 \bar{x}_2 + K_9 \bar{x}_3 + K_{10} \bar{x}_4) -$$
$$- 2 x_3 (K_7 \bar{x}_1 + K_9 \bar{x}_2 + K_4 \bar{x}_3 + K_{11} \bar{x}_4) -$$
$$- 2 x_4 (K_8 \bar{x}_1 + K_{10} \bar{x}_2 + K_{11} \bar{x}_3 + K_5 \bar{x}_4) + K_2 \bar{x}_1^2 +$$
$$+ K_3 \bar{x}_2^2 + K_4 \bar{x}_3^2 + K_5 \bar{x}_4^2 + 2\,K_6 \bar{x}_1 \bar{x}_2 + 2\,K_7 \bar{x}_1 \bar{x}_3 +$$
$$+ 2\,K_8 \bar{x}_1 \bar{x}_4 + 2\,K_9 \bar{x}_2 \bar{x}_3 + 2\,K_{10} \bar{x}_2 \bar{x}_4 + 2\,K_{11} \bar{x}_3 \bar{x}_4$$

Mit

$$K_{12} = K_2 \bar{x}_1 + K_6 \bar{x}_2 + K_7 \bar{x}_3 + K_8 \bar{x}_4$$
$$K_{13} = K_6 \bar{x}_1 + K_3 \bar{x}_2 + K_9 \bar{x}_3 + K_{10} \bar{x}_4$$
$$K_{14} = K_7 \bar{x}_1 + K_9 \bar{x}_2 + K_4 \bar{x}_3 + K_{11} \bar{x}_4$$
$$K_{15} = K_8 \bar{x}_1 + K_{10} \bar{x}_2 + K_{11} \bar{x}_3 + K_5 \bar{x}_4$$
$$K_{16} = K_2 \bar{x}_1^2 + K_3 \bar{x}_2^2 + K_4 \bar{x}_3^2 + K_5 \bar{x}_4^2$$
$$K_{17} = 2\,K_6 \bar{x}_1 \bar{x}_2 + 2\,K_7 \bar{x}_1 \bar{x}_3 + 2\,K_8 \bar{x}_1 \bar{x}_4 + 2\,K_9 \bar{x}_2 \bar{x}_3 +$$
$$+ 2\,K_{10} \bar{x}_2 \bar{x}_4 + 2\,K_{11} \bar{x}_3 \bar{x}_4$$

folgt:

$$\mathrm{Var}(y) = K_1 + K_2 x_1^2 + K_3 x_2^2 + K_4 x_3^2 + K_5 x_4^2 + 2\,K_6 x_1 x_2 +$$
$$+ 2\,K_7 x_1 x_3 + 2\,K_8 x_1 x_4 + 2\,K_9 x_2 x_3 + 2\,K_{10} x_2 x_4 +$$
$$+ 2\,K_{11} x_3 x_4 - 2\,K_{12} x_1 - 2\,K_{13} x_2 - 2\,K_{14} x_3 -$$
$$- 2\,K_{15} x_4 + K_{16} + K_{17}$$

FIR + IAW
Forschung für die Praxis

Berichte aus dem Forschungsinstitut für Rationalisierung (FIR), Aachen, und dem Lehrstuhl und Institut für Arbeitswissenschaft (IAW) der Rheinisch-Westfälischen Technischen Hochschule Aachen.

Herausgeber: Univ.-Prof. Dr.-Ing. R. Hackstein

1 **Qualitätszirkel und andere Gruppenaktivitäten**
Von F. J. Heeg. ISBN 3-540-15498-1.
1985, 232 Seiten mit 45 Abbildungen und 17 Tabellen   68,- DM

2 **Planung und Auslegung von Palettenlagern**
Von P. Bauer. ISBN 3-540-15499-X.
1985, 148 Seiten mit 42 Abbildungen und 8 Tabellen   68,- DM

3 **Kennzahlen in der Distribution**
Von W. Konen. ISBN 3-540-15624-0.
1985, 150 Seiten mit 9 Abbildungen und 7 Tabellen   68,- DM

4 **Personalbedarf der Arbeitsplanung**
Von P. Bresser. ISBN 3-540-15625-9.
1985, 179 Seiten mit 65 Abbildungen und 6 Tabellen   68,- DM

5 **Analyse und Grobprojektierung von Logistik-Informationssystemen**
Von O. Gast. ISBN 3-540-15626-7.
1985, 187 Seiten mit 68 Abbildungen und 20 Tabellen   68,- DM

6 **Flexibilität in der Fertigung**
Von R. Grob. ISBN 3-540-16159-7.
1986, 158 Seiten mit 25 Abbildungen und 20 Tabellen   68,- DM

7 **Rechnergestützte Planung von Durchlaufregallagern**
Von E.-J. Ribbert. ISBN 3-540-16160-0.
1986, 154 Seiten mit 30 Abbildungen und 7 Tabellen   68,- DM

8 **Wirtschaftliche Arbeitsplanung in der Instandhaltung**
Von W. Jütting. ISBN 3-540-16701-3.
1986, 145 Seiten mit 40 Abbildungen   68,- DM

9 **Planung des Personalbedarfs in indirekten Bereichen**
Von K. Hemmers. ISBN 3-540-16702-1.
1986, 149 Seiten mit 73 Abbildungen   68,- DM

<u>L e b e n s l a u f</u>

Klaus – Burkhard Bentler, geboren am 16. Dezember 1955 in Iserlohn
als Sohn der Eheleute Paul Bentler und Frau Magret, geb. Fröhlich.

Familienstand: Verheiratet mit Beate Bentler, geb.
                        Pensel, seit dem 2.7.1981.

Schulbildung: 1962 – 1966 Grundschule
                        1966 – 1974 Gymnasium
                        Reifeprüfungszeugnis vom 10.6.1974.

Studium: WS 1974/75 bis WS 1980/81 Maschinenbau-
                        studium an der RWTH Aachen, Fachrichtung
                        Fertigungstechnik.
                        Diplomhauptprüfungszeugnis vom 10.3.1981.

                        SS 1981 bis SS 1983 Wirtschaftswissen-
                        schaftliches Aufbaustudium an der RWTH
                        Aachen.
                        Prüfungszeugnis vom 5.11.1983.

Praktika: Vor Beginn und während des Studiums 26
                        Wochen praktische Tätigkeit in zwei In-
                        dustriebetrieben.

Berufstätigkeit: 1977 bis 1983 studentische und wissenschaft-
                        liche Hilfskraft am Forschungsinstitut für
                        Rationalisierung an der RWTH Aachen.

                        1.11.1983 bis 31.10.1988 wissenschaftlicher
                        Mitarbeiter am Forschungsinstitut für
                        Rationalisierung an der RWTH Aachen.

                        Seit dem 1.12.1988 zuständig für die Werks-
                        logistik bei einem Automobilzulieferer